"一带一路"生态环境遥感监测丛书

"一带一路"
港口城市生态环境遥感监测

侯西勇　宋　洋　徐新良　著

U0113461

科 学 出 版 社

北 京

内 容 简 介

本书应用遥感、地理信息系统等技术和方法,基于多种传感器获取的卫星遥感影像和多类型地图资料等信息,针对"21世纪海上丝绸之路"沿线国家和地区的25个港口,进行港口及其所在城市生态环境特征遥感监测与评估,以及港口城市发展潜力与限制因子特征对比分析。

本书可作为遥感科学与技术、海运地理学、港口经济学、海洋经济、城市地理学、世界地理等方向科研与教学人员以及政府部门管理人员的参考书。

审图号:GS(2018)2085 号

图书在版编目(CIP)数据

"一带一路"港口城市生态环境遥感监测 / 侯西勇,宋洋,徐新良著. — 北京:科学出版社,2018.7

("一带一路"生态环境遥感监测丛书)

ISBN 978-7-03-051393-9

Ⅰ.①— Ⅱ.①侯… ②宋… ③徐 Ⅲ.港湾城市 – 生态环境 – 环境遥感 – 环境监测 Ⅳ.① X87

中国版本图书馆 CIP 数据核字 (2016) 第 322536 号

责任编辑:朱海燕 籍利平 / 责任校对:何艳萍
责任印制:徐晓晨 / 封面设计:图阅社

科学出版社 出版

北京东黄城根北街 16 号
邮政编码:100717
http://www.sciencep.com

北京虎彩文化传播有限公司 印刷

科学出版社发行 各地新华书店经销

*

2018 年 7 月第 一 版 开本:787×1092 1/16
2019 年 1 月第二次印刷 印张:10 3/4
字数:237 000

定价:99.00 元
(如有印装质量问题,我社负责调换)

"一带一路"生态环境遥感监测丛书
编委会

丛书出版说明

2013年9月和10月，习近平主席在出访中亚和东南亚国家期间，先后提出了共建"丝绸之路经济带"和"21世纪海上丝绸之路"（简称"一带一路"）的重大倡议。2015年3月28日，国家发展和改革委员会、外交部和商务部联合发布《推动共建丝绸之路经济带和21世纪海上丝绸之路的愿景与行动》（简称"愿景与行动"），"一带一路"倡议开始全面推进和实施。

"一带一路"陆域和海域空间范围广阔，生态环境的区域差异大，时空变化特征明显。全面协调"一带一路"建设与生态环境保护之间的关系，实现相关区域的绿色发展，亟须利用遥感技术手段快速获取宏观、动态的"一带一路"区域多要素地表信息，开展生态环境遥感监测。通过获取"一带一路"区域生态环境背景信息，厘清生态脆弱区、环境质量退化区、重点生态保护区等，可为科学认知区域生态环境本底状况提供数据基础；同时，通过遥感技术快速获取"一带一路"陆域和海域生态环境要素动态变化，发现其生态环境时空变化特点和规律，可为科学评价"一带一路"建设的生态环境影响提供科技支撑；此外，重要廊道和节点城市高分辨率遥感信息的获取，还将为开展"一带一路"建设项目投资前期、中期、后期生态环境监测与评估，分析其生态环境特征、发展潜力及可能存在的生态环境风险提供重要保障。

在此背景下，国家遥感中心联合遥感科学国家重点实验室于2016年6月6日发布了《全球生态环境遥感监测2015年度报告》，首次针对"一带一路"开展生态环境遥感监测工作。年报秉承"一带一路"倡议提出的可持续发展和合作共赢理念，针对"一带一路"沿线国家和地区，利用长时间序列的国内外卫星遥感数据，系统生成了监测区域现势性较强的土地覆盖、植被生长状态、农情、海洋环境等生态环境遥感专题数据产品，对"一带一路"陆域和海域生态环境、典型经济合作走廊与交通运输通道、重要节点城市和港口开展了遥感综合分析，取得了系列监测结果。因年度报告篇幅有限，特出版《"一带一路"生态环境遥感监测丛书》作为补充。

丛书基于"一带一路"国际合作框架，以及"一带一路"所穿越的主要区域的地理位置、自然地理环境、社会经济发展特征、与中国交流合作的密切程度、陆域和海域特点等，分为蒙俄区（蒙古和俄罗斯区）、东南亚区、南亚区、中亚区、西亚区、欧洲区、非洲东北部区、海域、海港城市共9个部分，覆盖100多个国家和地区，针对陆城7大区域、

6 个经济走廊及 26 个重要节点城市的生态环境基本特征、土地利用程度、约束性因素等，以及 12 个海区、13 个近海海域和 25 个港口城市的生态环境状况进行了系统分析。

丛书选取 2002—2015 年的 FY、HY、HJ、GF 和 Landsat、Terra/Aqua 等共 11 种卫星、16 个传感器的多源、多时空尺度遥感数据，通过数据标准化处理和模型运算生成 31 种遥感产品，在"一带一路"沿线区域开展土地覆盖、植被生长状态与生物量、辐射收支与水热通量、农情、海岸线、海表温度和盐分、海水浑浊度、浮游植物生物量和初级生产力等要素的专题分析。在上述工作中，通过一系列关键技术协同攻关，实现了"一带一路"陆域和海域上的遥感全覆盖和长时间序列的监测，实现了国产卫星与国外卫星数据的综合应用与联合反演多种遥感产品；实现了遥感数据、地表参数产品与辅助分析决策的无缝链接，体现了我国遥感科学界在突破大尺度、长时序生态环境遥感监测关键技术方面取得的创新性成就。

丛书由来自中国科学院遥感与数字地球研究所、中国科学院地理科学与资源研究所、国家海洋局第二海洋研究所、中国林业科学研究院资源信息研究所、北京师范大学、清华大学、中国科学院烟台海岸带研究所、中国科学院新疆生态与地理研究所等 8 家单位的 9 个研究团队共 50 余位专家编写。丛书凝聚了国家高技术研究发展计划（863 计划）等科技计划研发成果，构建了"一带一路"倡议启动期的区域生态环境基线，展示了这一热点领域的最新研究成果和技术突破。

丛书的出版有助于推动国际间相关领域信息的开放共享，使相关国家、机构和人员全面掌握"一带一路"生态环境现状和时空变化规律；有助于中国遥感事业为"一带一路"沿线各国不断提供生态环境监测服务，支持合作框架内有关国家开展生态环境遥感合作研究，共同促进这一区域的可持续发展。

中国作为地球观测组织 (GEO) 的创始国和联合主席国，通过 GEO 合作平台，有意愿和责任向世界开放共享其全球地球观测数据，并努力提供相关的信息产品和服务。丛书的出版将有助于 GEO 中国秘书处加强在"一带一路"生态环境遥感监测方面的工作，为各国政府、研究机构和国际组织研究环境问题和制定环境政策提供及时准确的科学信息，进而加深国际社会和广大公众对"一带一路"生态建设与环境保护的认识和理解。

李加洪　刘纪远

2016 年 11 月 30 日

前　言

《"一带一路"港口城市生态环境遥感监测》针对"21世纪海上丝绸之路"沿线国家和地区的25个港口，进行港口及其所在城市生态环境特征遥感监测与评估，以及港口城市发展潜力综合分析，旨在从港口基础设施建设、海运经济发展的角度出发，为"一带一路"的推进和实施提供系统性的、时效性强的信息支持和决策依据。

重点开展了如下研究：以 Landsat 8 OLI 卫星影像为主要数据源，辅以高分一号和二号（GF-1、GF-2）卫星影像、Google Earth 图像等信息，进行港口城市土地覆盖分类和海岸线的提取与分类，通过分析土地覆盖的数量结构与空间格局特征，总结和对比港口城市的生态环境现状特征，通过分析港口城市及其周边区域海岸线的分布特征及开发利用的现状特征，评估港口城市港口功能进一步拓展和提升的岸线资源保障能力；利用时间序列的夜间灯光指数数据，分析港口城市及其周边区域经济社会发展的格局与过程特征及未来的发展趋势；利用陆海一体化的数字高程模型（DEM）数据，分析港口城市由陆向海的地形起伏特征、港区与航道的水深特征；综合多源遥感信息、多专题地图资料，从港口区位特征、港口资源条件特征、港口货运现状特征、港口城市发展特征、港口所在宏观区域经济与社会特征5个方面出发，选择14个具体因子，通过单因子分级量化、综合指数计算，分析每个因子对港口的影响各因子的综合影响，以及港口城市未来发展潜力的主要限制因子等。

感谢科学技术部国家遥感中心的邀请，使得我们有机会参与"全球生态环境遥感监测"2015年度报告的研究工作，并负责"21世纪海上丝绸之路"港口城市部分的研究任务，正是得益于这一工作才有了本书。特别感谢多次研讨会上刘纪远研究员、刘慧研究员、张镱锂研究员、刘闯研究员、牛铮研究员、柳钦火研究员、何贤强研究员、高志海研究员、包安明研究员、葛岳静教授、白雁研究员、宫鹏教授、刘素红教授、千怀遂教授、廖小罕主任、李加洪总工程师、张松梅处长、乐蓉蓉研究员、俞乐副教授等所提出的建设性的意见和建议；感谢香宝研究员、牛振国研究员、师华定研究员评审专题报告并给出宝贵的意见和建议；感谢张瑞、欧阳晓莹、张景、吴俊君、王靓、郝鹏宇等在研究过程中所做的大量协调性工作和具体帮助；感谢王远东、刘静、王俊惠、魏辽生、王晓利、侯婉等在技术方案设计与讨论、基础数据下载与预处理等方面所做的工作和贡献；感谢李晓炜、方晓东帮助校对稿件和提出修改建议。

感谢科学技术部"全球空间遥感信息报送和年度报告"专项、国家自然科学基金项目（No. 31461143032）、中国科学院战略性先导科技专项"热带西太平洋海洋系统物质能量交换及其影响"（No. XDA11020305）和"应对气候变化的碳收支认证及相关问题"（No. XDA05130703）等所提供的资金支持。

　　由于时间仓促、难以进行港口城市实地考察和调研等原因，本书一定存在不少的问题与不足，在此欢迎广大读者批评指正，并希望能引起进一步的研究和讨论。

　　最后，请允许我代表研究团队向所有为本书做出贡献和提供帮助的朋友和同仁一并表示衷心的感谢！

侯西勇

2016 年 9 月 11 日

目　录

丛书出版说明

前言

引言 ·· 1

第1章　重点港口城市生态环境遥感监测方法 ···················· 2

　　1.1　评估对象 ·· 2

　　1.2　评估目标 ·· 4

　　1.3　主要的数据源 ·· 4

　　1.4　土地覆盖分类方法 ·· 6

　　1.5　岸线提取与分类方法 ·· 6

第2章　重点港口城市生态环境现状特征分析 ···················· 8

　　2.1　东亚 ·· 8

　　　　2.1.1　上海港 ·· 8

　　　　2.1.2　釜山港 ··· 14

　　2.2　东南亚 ··· 20

　　　　2.2.1　曼谷港 ··· 20

　　　　2.2.2　关丹港 ··· 25

　　　　2.2.3　新加坡港 ··· 30

　　　　2.2.4　雅加达港 ··· 37

　　　　2.2.5　皎漂港 ··· 42

　　2.3　南亚 ··· 47

　　　　2.3.1　瓜达尔港 ··· 47

　　　　2.3.2　孟买港 ··· 53

　　　　2.3.3　科伦坡港 ··· 58

2.3.4 加尔各答港 ··· 63

2.3.5 吉大港 ··· 69

2.4 西亚 ··· 75

2.4.1 吉达港 ··· 75

2.4.2 多哈港 ··· 81

2.4.3 阿巴斯港 ··· 86

2.4.4 迪拜港 ··· 91

2.5 非洲与地中海 ··· 97

2.5.1 苏丹港 ··· 97

2.5.2 吉布提港 ··· 103

2.5.3 亚历山大港 ··· 107

2.5.4 伊斯坦布尔港 ··· 113

2.5.5 比雷埃夫斯港 ··· 119

2.6 欧洲与俄罗斯 ··· 124

2.6.1 里斯本港 ··· 124

2.6.2 圣彼得堡港 ··· 130

2.7 大洋洲 ·· 136

2.7.1 悉尼港 ··· 136

2.7.2 达尔文港 ··· 141

2.8 小结 ·· 146

2.8.1 东亚 ··· 147

2.8.2 东南亚 ··· 147

2.8.3 南亚 ··· 148

2.8.4 西亚 ··· 148

2.8.5 非洲与地中海 ··· 149

2.8.6 欧洲与俄罗斯 ··· 149

2.8.7 大洋洲 ··· 150

第3章 重点港口城市综合特征与限制因子分析 ················ **151**

3.1 港口单要素特征 ··· 151

3.1.1 港口区位特征 ··· 151

3.1.2 港口资源条件特征 ··· 153

　　　3.1.3 港口货运现状特征 ···································· 154

　　　3.1.4 港口城市发展特征 ···································· 154

　　　3.1.5 港口所在宏观区域经济与社会特征 ············· 155

　　3.2 港口综合特征 ··· 156

　　　3.2.1 综合指数计算 ·· 156

　　　3.2.2 综合特征分析 ·· 156

　　3.3 港口限制因子 ··· 157

参考文献·· **159**

引　言

2013 年 9 月和 10 月，国家主席习近平在出访中亚和东南亚国家期间，先后提出了共建"丝绸之路经济带"和"21 世纪海上丝绸之路"的倡议。2015 年 3 月 28 日，国家发展和改革委员会、外交部、商务部联合发布《推动共建丝绸之路经济带和 21 世纪海上丝绸之路的愿景与行动》（简称"愿景与行动"），正式提出了"一带一路"倡议，自此，"一带一路"倡议有了纲领性文件，并开始得到全面推进和实施。"一带一路"陆域和海域空间范围广阔，东西贯穿亚欧大陆，联系了西太平洋、印度洋、地中海、大西洋东部等区域，分别从陆地和海洋将亚太经济圈与欧洲经济圈紧密地联系在一起，未来时期，将在经济发展、民生改善、危机应对等方面发挥出巨大的作用，为构建沿线国家利益共同体、命运共同体和责任共同体提供强大的助力。

港口是"一带一路"基础设施建设的重头戏，将成为昔日海上丝绸之路传承和推进的重要突破点，在《推动共建丝绸之路经济带和 21 世纪海上丝绸之路的愿景与行动》中已经明确指出，在我国沿海和港澳台地区，加强上海、天津、宁波－舟山、广州、深圳、湛江、汕头、青岛、烟台、大连、福州、厦门、泉州、海口、三亚等沿海城市港口建设，强化上海、广州等国际枢纽机场功能，以扩大开放倒逼深层次改革，创新开放型经济体制机制，加大科技创新力度，形成参与和引领国际合作竞争新优势，成为"一带一路"特别是"21 世纪海上丝绸之路"建设的排头兵和主力军。

"21 世纪海上丝绸之路"沿线国家和地区分布着大量的港口城市，其中不乏具有全球重要性的港口城市，如，上海、广州、香港、新加坡、雅加达、加尔各答、科伦坡、卡拉奇、亚丁、苏丹港、亚历山大、里斯本、阿姆斯特丹、伊斯坦布尔、符拉迪沃斯托克（海参崴）、圣彼得堡等。但目前对国外港口城市（尤其是新兴的港口城市以及当前形势下战略地位得到凸显的港口城市，例如，瓜达尔、关丹、吉大港等）的生态环境现状、经济社会发展特征和未来发展潜力等的介绍资料比较有限，且缺乏系统性和时效性。因此，针对"一带一路"发展倡议中的"21 世纪海上丝绸之路"，基于遥感技术，对主要的港口及其所在的城市进行生态环境遥感监测、分析和评估，这一工作具有非常突出的现实意义。

第1章 重点港口城市生态环境遥感监测方法

1.1 评 估 对 象

世界贸易的主体是海洋贸易,国际商品运输总量中,85%以上是通过海运完成的(陈月英和王永兴,2011);海上运输的节点或终端是港口,港口在全球运输网络中起着至关重要的作用(陆琪,2011);港口城市已经成为经济全球化的重要平台,而且,全球经济重心向港口城市转移的趋势越来越明显(陈航和栾维新,2010)。港口与城市空间联系与互动一直是国内外地理学、城市科学等不同学科研究的焦点问题(郭建科和韩增林,2010;潘坤友和曹有挥,2014);随着港口和城市建设的不断发展,在生态环境和空间资源等方面,港口和城市之间将产生一定的冲突,从而影响港口的发展潜力以及港、城之间的协调与互动(汪玲等,2008;王成金,2008)。有鉴于此,本研究针对"一带一路"所涉及的陆海空间区域,从全球及区域海运经济活动中港口的区位重要性、港口发展现状与影响力、港口未来发展潜力及其与中国之间交流与合作的密切程度等角度出发,在不同的地理区域(海区)筛选出25个港口(表1-1、图1-1),进行港口及其所在城市生态环境遥感监测与评估以及港口城市发展潜力综合分析。

表 1-1 监测评估的港口城市

地理区域	港口城市	港口数量
东亚	上海、釜山	2
东南亚	曼谷、关丹、新加坡、雅加达、皎漂	5
南亚	瓜达尔、孟买、科伦坡、加尔各答、吉大港	5
西亚(波斯湾、阿拉伯海、红海)	吉达、多哈、阿巴斯港、迪拜	4
东北非、地中海	苏丹港、吉布提、亚历山大、伊斯坦布尔、比雷埃夫斯	5
直布罗陀海峡—英吉利海峡—北海	里斯本	1
波罗的海	圣彼得堡	1
大洋洲	悉尼、达尔文	2

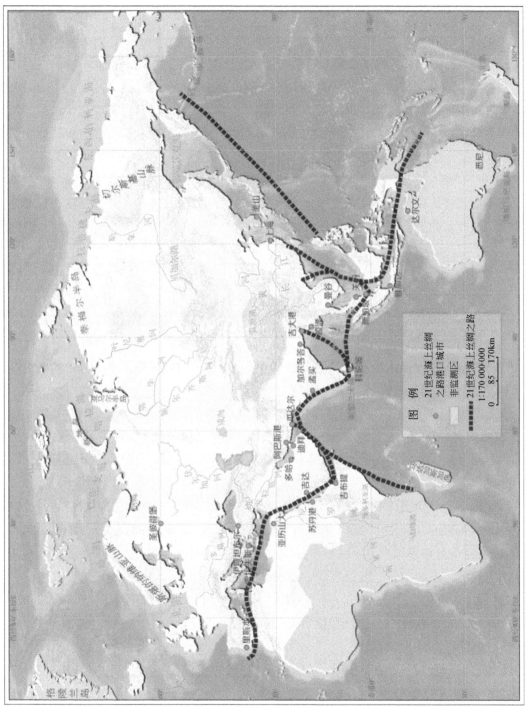

图1-1　"一带一路"沿线重要港口城市空间分布（李加洪等，2016）

1.2 评估目标

从遥感和 GIS 技术应用的优势与特色角度出发，基于多源数据，进行如下研究：

1）港口城市生态环境现状特征遥感评估：基于 Landsat 8 OLI 影像、高分二号（GF-2）卫星影像、Google Earth 图像和时间序列夜间灯光指数等多源、多类型遥感影像数据，展示港口港区的位置与概貌，分析港口城市及其周边的土地覆盖现状、岸线分布与分类、经济发展、陆海地形等方面的特征。

2）基于多源、多要素资料和信息，评价各个港口在区位、资源条件、港口发展现状、港口城市发展特征以及所在地理区域基本特征等方面的差异，进行单要素特征评价和分级赋值，在此基础上，构建和计算港口综合指数，分析港口城市的综合特征和港口限制因子。

1.3 主要的数据源

港区位置及其周边小范围区域的概貌特征主要通过 Google Earth 和高分二号高分辨率遥感影像来反映；港口城市及其周边区域的土地覆盖现状、岸线分布与分类选用 Landsat 8 OLI 卫星影像；经济发展特征基于时间序列的夜间灯光数据来分析；陆海地形特征基于 DEM 数据来分析。

高分二号（GF-2）卫星是我国目前分辨率最高的民用陆地观测卫星，于 2014 年 8 月 19 日成功发射，装载两台 1 米全色 /4 米多光谱相机实现拼幅成像，8 月 21 日首次开机成像并下传数据（潘腾，2015）。本研究使用了部分港口城市的高分二号多光谱影像数据，空间分辨率为 4m。

Landsat 8 卫星由美国航空航天局（NASA）于 2013 年 2 月成功发射，携带陆地成像仪（operational land imager，OLI）和热红外传感器（thermal infrared sensor，TIRS）两个传感器，在空间分辨率和光谱特性等方面与 Landsat7 基本一致，共有 11 个波段，波段 1-7、9-11 的空间分辨率为 30m，波段 8 为 15m 分辨率的全色波段，卫星每 16 天可以实现一次全球覆盖(李旭文等，2013)。2015 年成像的 Landsat 8 OLI 数据由美国地质勘探局(United States Geological Survey，USGS) 提供下载（http: //glovis.usgs.gov ），所需数据的行列号、成像天数等信息如表 1-2 所示。

土地覆盖分类过程参照了国家基础地理信息中心研发和提供下载的全球范围 30m 分辨率地表覆盖分类数据（GlobeLand30，http: //globallandcover.com/ GLC30Download/ index.aspx）。该数据库以 2000 年和 2010 年两个基准年的陆地卫星 Landsat TM/ETM+ 为主，中国环境减灾卫星（HJ-1）影像数据和局部地区的北京一号（BJ-1）影像数据为辅，采

用基于像素分类 - 对象提取 - 知识检核的 POK 方法研制而成（陈军等，2014，2015）。

陆海地形特征分析选用英国海洋学数据中心（British Oceanographic Data Centre, http：//www.bodc.ac.uk/data/online_delivery/gebco）的全球 30 弧秒分辨率 DEM 数据，于 2014 年发布和提供免费下载。该数据集成了经过严格质量控制的船测水深数据、卫星监测的重力场分布数据等，经过整合而形成 DEM 数据信息。

时间序列的夜间灯光数据是美国国防气象卫星计划（Defense Meteorological Satellite Program，DMSP）的线性扫描系统（operational linescan system，OLS）数据资料，数据来源于美国国家地理数据中心（http：//ngdc.noaa.gov/eog/dmsp/ downloadV4composites. html）。DMSP/OLS 夜间灯光数据主要包括稳定灯光数据、辐射标定夜间灯光强度数据、非辐射标定夜间灯光强度数据 3 种产品，具有对微弱灯光敏感、不受光线阴影影响、不受月光影响等优点，因此，该数据已经广泛应用于城市化强度及其时空分异、人类活动及其生态环境效应等方面的研究（王鹤饶等，2012）。

表 1-2　港口城市 Landsat 8 OLI 遥感影像数据源

港口城市	影像序列号	港口城市	影像序列号
上海	LC81180382015215LGN00 LC81180392015215LGN00	苏丹港	LC81710462015202LGN00 LC81710472015202LGN00
釜山	LC81140352015155LGN00 LC81140362015155LGN00 LC81150352015146LGN00 LC81150362015146LGN00	曼谷	LC81280512015141LGN00 LC81290502015308LGN00 LC81290512015308LGN00 LC81300502015075LGN00
迪拜	LC81590432015262LGN00 LC81600422015269LGN00 LC81600432015269LGN00 LC81610422015228LGN00	雅加达	LC81220642015243LGN00 LC81220652015227LGN00 LC81230642015266LGN00 LC81230652015218LGN00
亚历山大	LC81770382015244LGN00 LC81770392015244LGN00 LC81780382015267LGN00 LC81780392015267LGN00	圣彼得堡	LC81840182015229LGN00 LC81840192015229LGN00 LC81850182015236LGN00 LC81850192015236LGN00
加尔各答	LC81380442015323LGN00 LC81380452015323LGN00 LC81390442015298LGN00 LC81390452015298LGN00	阿巴斯港	LC81590412015262LGN00 LC81590422015262LGN00 LC81600412015269LGN00 LC81600422015269LGN00
吉达	LC81690442015268LGN00 LC81690452015268LGN00 LC81690462015268LGN00 LC81700452015259LGN00 LC81700462015259LGN00	伊斯坦布尔	LC81790312015194LGN00 LC81790322015210LGN00 LC81800312015249LGN00 LC81800322015249LGN00 LC81810312015240LGN00
里斯本	LC82040332015177LGN00	吉大港	LC81360442015309LGN00 LC81360452015293LGN00

续表

港口城市	影像序列号	港口城市	影像序列号
多哈	LC81620422015235LGN00 LC81620432015235LGN00 LC81630422015274LGN00 LC81630432015258LGN00	孟买	LC81470462015274LGN00 LC81470472015290LGN00 LC81480462015281LGN00 LC81480472015281LGN00
新加坡	LC81250592015152LGN00	瓜达尔	LC81550432015266LGN00
悉尼	LC80890832015059LGN00 LC80890842015059LGN00 LC80900832015338LGN00 LC80900842015338LGN00	达尔文	LC81060682015131LGN00 LC81060692015147LGN00
		关丹	LC81260572014060LGN00 LC81260582015207LGN00
科伦坡	LC81410552015008LGN00 LC81410562015056LGN00 LC81420552015047LGN00	比雷埃夫斯	LC81820342015231LGN00 LC81830332015190LGN00 LC81830342015190LGN00
皎漂	LC81340472015327LGN00	吉布提	LC81660522015279LGN00

1.4 土地覆盖分类方法

采用如下标准规范和技术方法确定港口城市及其周边区域土地利用/覆盖分类的空间范围：①少数港口城市具有比较明确的行政区边界数据，因而直接以其行政辖区覆盖范围作为土地覆盖遥感监测和分析的对象，例如，上海港选择上海市的城市辖区，新加坡港选择整个新加坡的国土区域；②多数港口城市缺少明确的行政区边界数据，因此，首先基于 2015 年成像的 Landsat 8 OLI 数据，参考 2010 年全球 30m 分辨率土地覆盖分类数据库中的不透水面分类结果，勾绘出 2015 年的港口城市的连续不透水面边界；进而，根据港口城市连续不透水面的规模（面积）大小，进行不同半径的缓冲区分析；多数港口城市选择 50km 缓冲半径，以便充分展示港口最直接相关的陆域腹地的空间结构特征，少量港口城市由于面积比较小，则选取 20km 或 10km 作为缓冲半径，例如，吉大港、达尔文市选取 20km，瓜达尔、皎漂、吉布提则选取 10km。

遥感影像分类方法：在空间范围划定的基础上，利用 ENVI 5.2 软件和 2015 年成像的 Landsat 8 OLI 卫星影像，参照 2010 年时相的全球 30m 分辨率土地覆盖遥感分类结果（陈军等，2014，2015），按照相同的分类系统、制图标准和规范，选择相应的监督分类样本，利用基于支持向量机的监督分类方法对 25 个港口城市及其周边区域的土地覆盖进行遥感分类，分为农田、森林、灌丛、湿地、草地、水体、不透水层和裸地共 8 个类型。

1.5 岸线提取与分类方法

综合相关的研究成果（侯西勇等，2014，2016），根据岸线的开发利用情况将其划分为自然岸线、丁坝与突堤、港口码头、围垦中岸线、养殖围堤岸线、盐田围堤岸线、交通围堤岸线和防潮堤岸线 8 种类型（表 1-3）。

表 1-3　岸线分类体系

岸线类型		说明
自然岸线		尚未被开发的且没有任何形式围堤的海岸线
人工岸线	丁坝与突堤	丁坝：与海岸呈一定角度向外伸出，具有保滩和挑流作用的护岸建筑物；突堤：一端与岸连接，另一端伸入海中的实体防浪建筑物。
	港口码头	港池与航运码头形成的岸线
	围垦（中）岸线	正在建设中的围海堤坝
	养殖围堤	用于养殖的人工修筑堤坝
	盐田围堤	用于盐碱晒制而围垦的堤坝
	交通围堤	用于交通运输的人工修筑堤坝
	防潮堤	分隔陆域和水域的其他海堤护岸工程（非养殖区、非盐田区，且交通功能不显著的海堤/海塘工程）

基于 2015 年成像的 Landsat 8 OLI 卫星影像，分别建立每种岸线类型的解译标志，进而采用目视解译方法对港口城市及其周边区域的海岸线进行提取和分类。部分港口属于河港类型，如加尔各答、曼谷等，需要根据港口所在位置沿其主要的通航河道向上游位置延伸提取岸线，河流岸线的分类参照海岸线的分类体系；部分港口城市附近有大量岛屿，如釜山，仅选择其中比较重要的岛屿提取海岸线信息。

第2章　重点港口城市生态环境现状特征分析

2.1 东　亚

2.1.1 上海港

（1）概况

上海港位于上海市。上海市，简称沪，地处东经 120° 51′ ~ 122° 12′ 和北纬 30° 40′ ~ 32° 3′ 之间，位于太平洋西岸、亚洲大陆东岸，与日本的九州岛隔海相望，处于中国海岸线的中间位置、长江入海口、太湖流域东缘，西部有天马山、凤凰山等山丘，入海口处分布着崇明岛、长兴岛、横沙岛，南濒杭州湾，西与江苏、浙江两省相接；以上海市为辐射中心，与安徽、江苏、浙江的众多城市共同构成长江三角洲都市圈。上海地形总体表现为自东向西稍微倾斜，西南地区分布着少数的丘陵，其余地方则多为平原，河湖众多、水网密布。属于亚热带季风性气候，四季分明，春秋较短，冬夏较长，日照充分，雨量相对较充沛。区内金属、矿产资源储量相对比较匮乏。境内天然植被量相对较少，绝大部分是为了美化城市环境而人工栽培的景观作物和林木，天然的植被群落，仅分布于大金山岛和佘山等局部地区，天然草本植物群落则分布在沙洲和滩地等沿岸附近。

上海港是中国沿海的主要枢纽港，也是亚太乃至全球的重要港口之一，由分布在长江入海口南岸的宝山、张华浜、军工路、外高桥、共青、高阳、朱家门、民生、新华、复兴、开平、东昌以及东南部海域中的洋山深水港等港区构成（图 2-1）。2013 年集装箱吞吐量为 3361.70 万 TEU（twenty-foot equivalent unit，20 英尺集装箱），居世界第一位。平均潮差 2 ~ 2.5m。夏秋季节有台风。主要出口化工品、农产品、油品等，进口货物主要有粮食、矿石、钢材、机械设备等。地处长江东西运输通道与海上南北运输通道的交汇点，港区内有铁路与沪杭、沪宁铁路干线相连，交通便利。

（2）土地覆盖

上海及其周边地区土地覆盖遥感解译结果如图 2-2 所示，农田和不透水层是主要的土地覆盖类型，面积分别为 2908.57km² 和 3122.87km²；农田主要分布在城市外围以及崇明、长兴、横沙三岛，总体上空间分布较为连续；不透水层的覆盖比例高达 43.26%，在城市中心区有高密度的集中分布区，在城市外围也有大量分布；连续建成区的面积大约为 1730.56km²，其中，不透水层的比例高达 85.64%，城市植被覆盖的占比仅为 11.86%。整

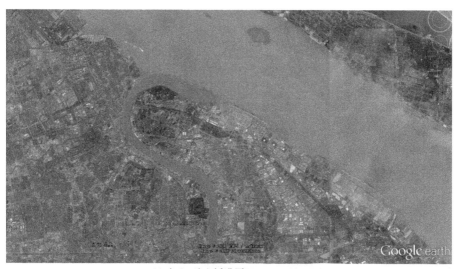

(a) 宝山-外高桥港区(Google earth)

(b) 洋山深水港区(高分2号20160210)

图 2-1　上海港部分港区遥感影像图

个上海地区水体面积为 467.98km²，主要分布于黄浦江和太湖的部分地区；其他土地覆盖类型的分布面积相对较小。

（3）岸线

基于 2015 年的 Landsat 8 遥感影像进行分析，结果表明，上海的海岸线总长度约为 708.14km，如图 2-3 和图 2-4 所示，其中，大陆岸线为 312.31km，岛屿岸线为 395.84km；自然岸线的长度仅为 67.17km，而人工岸线的长度多达 640.97km，远远大于自然岸线的长度。人工岸线包括丁坝突堤、港口码头、围垦中岸线、养殖围堤、盐田

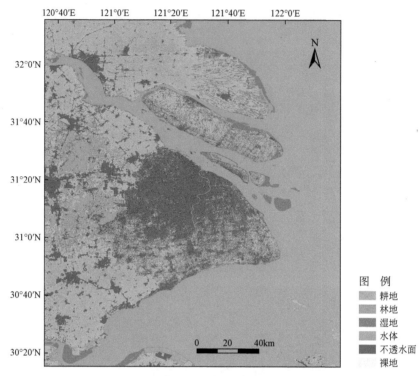

图 2-2　2015 年上海及其周边土地覆盖类型图

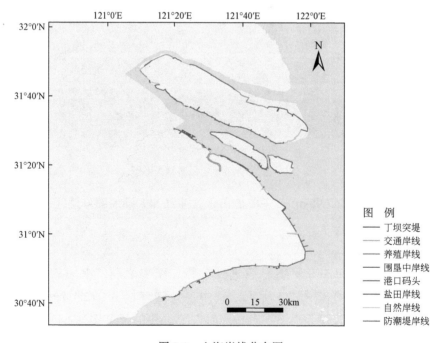

图 2-3　上海岸线分布图

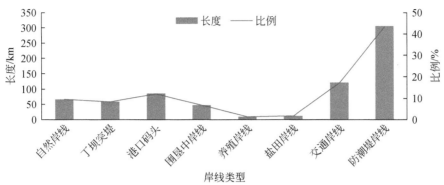

图 2-4　上海区域海岸线类型统计

岸线、交通岸线、防潮堤岸线，但以防潮堤与交通岸线为主，长度分别为 306.27km 和 121.85km，占总长度的比例分别为 43.25% 和 17.21%；防潮堤岸线主要分布于上海东南地区以及三大岛屿的部分地区，交通岸线主要集中在黄浦江沿岸与崇明岛北部地区。港口码头岸线的长度为 85.37km，丁坝突堤岸线的长度为 58.79km，所占比例分别为 12.06% 和 8.30%。港口码头主要分布在宝山港区、外高桥港区和长兴岛南岸，丁坝突堤主要依附于港口码头向海域延伸分布，其他的人工岸线长度相对较小、比例较低。

（4）夜间灯光

图 2-5 是 2000 年和 2013 年的夜间灯光分级分布图以及 2000～2013 年的变化斜率图，

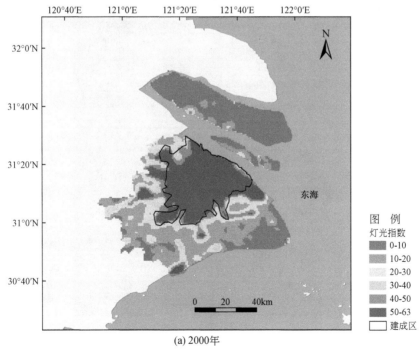

(a) 2000年

图 2-5　上海夜间灯光指数分布及变化图

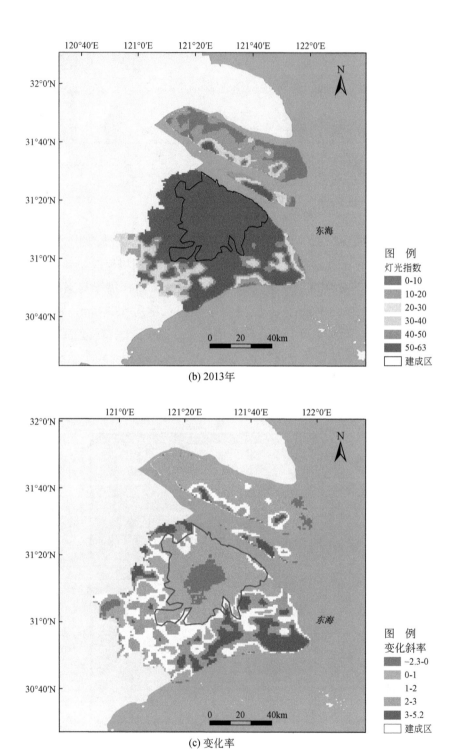

(b) 2013年

(c) 变化率

图2-5（续）

可见，高灯光值范围的分布面积有非常明显的增长态势，尤其是向西、向南和向东。图 2-6 表示 2000 ～ 2013 年港口陆域区域内各分级面积比例的年际变化情况，代表较高城市发展水平的 50 ～ 63 阈值范围的面积比例从 2000 年的 15% 增加到 2013 年的 34%，40 ～ 50 阈值范围的面积比例 14 年基本保持在 7% 左右，而代表城市发展缓慢的 0 ～ 10 阈值范围的面积比例则从 2000 年的 29% 降低到 2013 年的 9%，10 ～ 20 阈值范围的面积比例也从 2000 年 23% 降低到 2013 年的 12%；整个城市建成区的灯光值已达到饱和，建成区外围区域灯光指数平均值高达 39.85，年平均增长率达到 1.64，这表明上海 14 年具有明显的建成区扩张趋势，而且未来时期的城市扩张进程仍将较为显著。

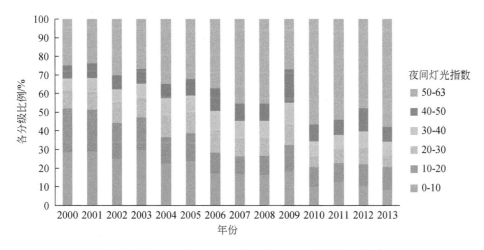

图 2-6　上海及其周边地区年际夜间灯光指数分级统计

（5）陆海地形

上海及其周边 50km 缓冲区范围内的地形特征如图 2-7 所示。建成区的平均高程为 4.81m，建成区周边陆域的平均高程为 3.61m，整个上海地区的地形相对比较低平，地形对城市扩张的阻力微乎其微；上海周边海域的水深条件空间差异较大，大部分海域的深度不足 10m，只有少部分海域的深度超过 10m，主要是长江口南岸港口的狭长航道海域，在缓冲区的边缘水深普遍超过 10m。从水深条件来看，长江口地区的航道比较狭窄，水深较浅，经常面临泥沙淤积等问题，不利于新一代高吨位船只的大量停靠；但洋山深水港地区的水深条件相对较好，大部分海域水深超过 15m，并且周边海域宽广，适合停靠大量的高吨位船只，利于新一代港口的建设和发展，因此，综合陆域和海域两方面的地形特征，未来时期上海仍有一定的城市扩张潜力和较强的港口发展空间。

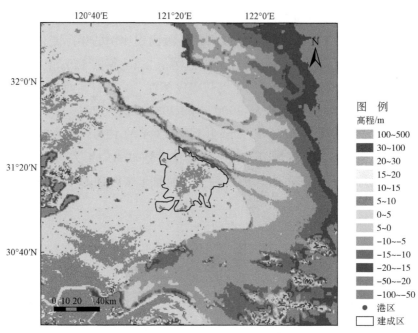

图 2-7 上海及其周边地区陆海地形特征分布图

2.1.2 釜山港

（1）概况

釜山港位于釜山市。釜山市位于朝鲜半岛的东南端，隔朝鲜海峡与日本相望，东部和南部分别濒临日本海和东海。西北距离首尔约450km，距日本下关市250km，是韩国第二大城市。韩国最长的河流（洛东江）流经釜山市西部，地形以丘陵为主、平原面积小，市中心被山峰包围，呈现周围高中间低的盆地地形。东南沿海有众多的半岛凸向海中，形成的海湾多为天然良港，尤其是釜山湾，牛岩半岛和绝影岛是其天然防波堤，水域广阔、水深、潮差小，是非常难得的天然良港。暖温带海洋性气候，与韩国其他城市相比，气候比较温和。年平均气温为13.6℃，8月平均气温为25.6℃，1月为1.8℃，全年平均降水量约1400mm，降水多集中在6～9月。面积768.41km²，人口400多万。釜山依靠其港口而发展成为韩国的经济中心，其腹地形成的东南沿海工业带能与京仁工业区匹敌。主要工业有电子、纺织、机械、化工、食品、木材、水产品加工等，其中机械工业尤为发达，造船、轮胎生产居韩国首位，水产品出口在出口贸易中也占有重要位置，旅游业也很发达。釜山是韩国海陆空交通的枢纽，又是金融和商业中心，在韩国的对外贸易中发挥重要作用。

釜山港是韩国最大的港口，也是世界五大集装箱港之一。2013年集装箱吞吐量为2235.20万TEU，属半日潮港，潮差大汛不超过1.2m，小汛0.3m。港区最大水深12.5m。以绝影岛为界分为南港和北港（图2-8），南港为韩国第一大渔港，北港为韩国第一大贸易港。

主要出口工业机械、电子、石化产品、纺织品等，进口货物主要有原油、粮食、煤、焦炭、原棉、原糖、铝、原木及化学原浆等。港口周边有机场，相距约 28km。

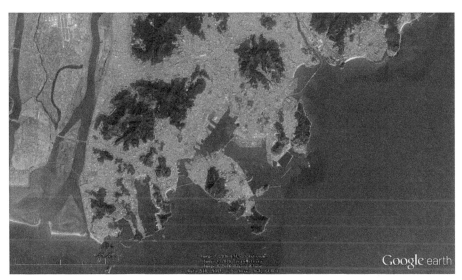

图 2-8　釜山港区遥感影像图

（2）土地覆盖

釜山及其周边连续建成区的 50km 缓冲区范围的土地覆盖遥感解译结果如图 2-9 所示。

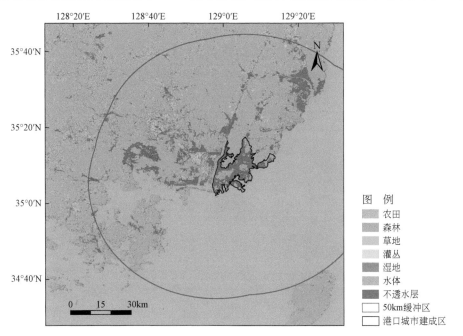

图 2-9　2015 年釜山及其周边土地覆盖类型图

森林是主要的土地覆盖类型，面积为3875.08km²，占69.01%，其次是农田，主要分布在城镇周边以及山谷区域，面积为694.09km²，占12.36%；不透水层的面积为710.70km²，占12.66%。连续建成区的面积为253.39km²，以不透水层和植被覆盖为主，面积分别为154.16km²和96.11km²，占建成区的比例分别为60.84%和37.93%。其他类型的土地覆盖面积相对较小，且空间分布较为零散。

（3）岸线

釜山市位于朝鲜半岛东南端，拥有丰富的岸线资源，岸线曲折，海湾和岛屿众多。基于2015年的Landsat 8遥感影像进行分析，结果表明，釜山及其周边的海岸线总长度约为1227.89km，其中，自然岸线长度为632.42km，人工岸线长度为595.47km；人工岸线主要包括丁坝突堤、港口码头、围垦中岸线、交通岸线、防潮堤岸线，从图2-10和图2-11中可以看出，人工岸线主要是港口码头与交通岸线，分别为134.03km和392.29km，丁坝突堤、防潮堤、围垦中岸线等类型相对较少。港口码头岸线主要分布在蔚山市、釜山市、巨济市、统营市的市区及其附近。海岸曲折、海湾众多，大部分海湾的内部都分布有一些小的港口，因此，除了大型海港之外，自然岸线和小规模的港口码头岸线交错分布。绝影岛和牛岩半岛形成釜山港天然的防波堤，港内水域广阔、水深、潮差小，以影岛大桥为界，分为南港和北港，南港为渔港，北港为贸易港；近年来，韩国其他港口的兴起导致釜山港贸易额的占比有所降低，但截至目前，釜山港仍保持着韩国第一大贸易港的地位。

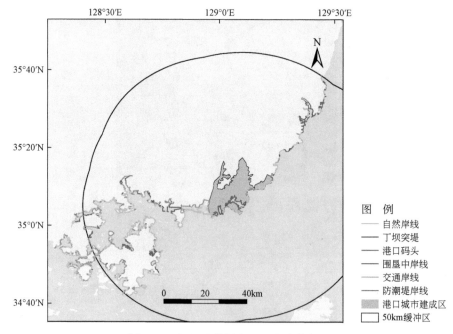

图2-10　釜山及其周边地区岸线分布图

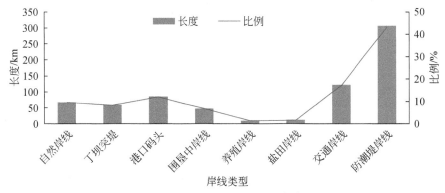

图 2-11　釜山海岸线类型统计

（4）夜间灯光

图 2-12 是 2000 年和 2013 年的夜间灯光分级分布图以及 2000～2013 年的变化斜率图，可见，高灯光值范围的分布面积在港口城市建成区周围没有明显的增长，高阈值范围区域的扩张主要在缓冲区的东北部与西部地区。图 2-13 展示了 2000～2013 年港口陆域区域内各分级面积比例的年际变化情况，其中，代表城市发展水平最高的 50～63 阈值范围的面积比例从 2000 年的 19% 增加到 2013 年的 31%，而发展水平较高的 40～50 阈值范围的面积 14 年则基本保持在 8% 左右；代表城市发展程度最弱的 0～10 阈值范围的面积比例从 2000 年的 22% 降低到 2013 年的 12%，发展水平较弱的 10～20 阈值范围的

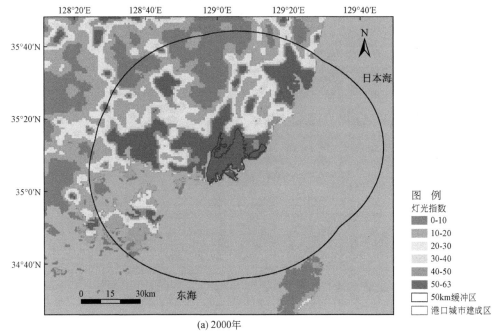

(a) 2000年

图 2-12　釜山及其周边地区夜间灯光指数分布及变化图

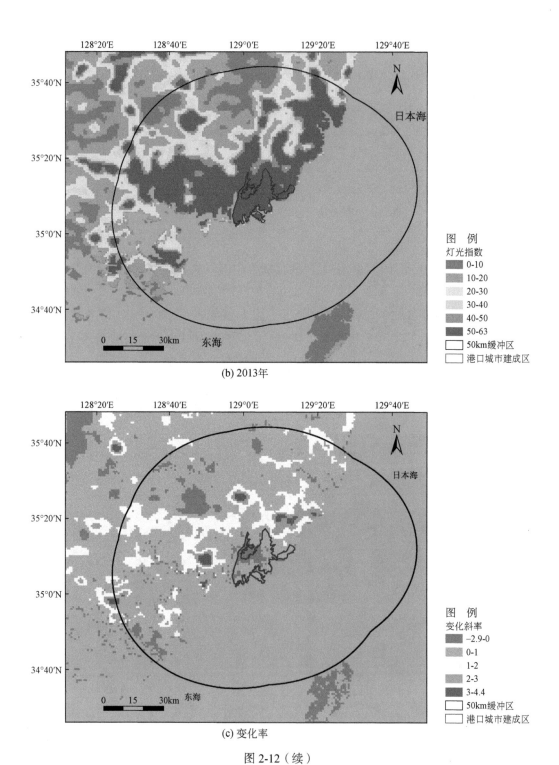

(b) 2013年

(c) 变化率

图 2-12（续）

面积比例则从 2000 年的 26% 降低到 2013 年的 23%。在城市建成区内部，夜间灯光值已
接近饱和，在建成区的外围，灯光指数平均值达 37.61，年平均增长率达到 0.65，这表明，
釜山周边地区未来时期的城市扩张速度仍将较为迅速。

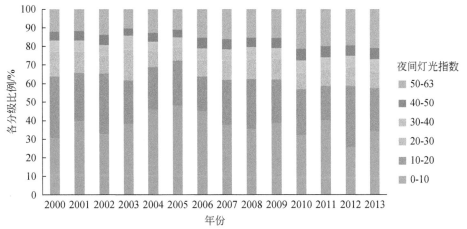

图 2-13　釜山及周边地区年际夜间灯光指数分级统计

（5）陆海地形

釜山及其周边 50km 缓冲区范围内的地形特征如图 2-14 所示。连续建成区的平均高
程为 69.96m，而其周边陆域的平均高程为 183.77m；高程差异比较大，地形起伏剧烈，
山地丘陵广泛分布，未来时期城市扩张的地形阻力相对较大。周边海域的水深条件比较好，
港区附近有较大面积的水域水深在 20m 以上，较好的水深条件利于新一代高吨位船只的
停靠，有助于港口和城市的建设和升级；综合陆海两方面的地形特征，未来时期，釜山
市建成区扩张的地形阻力相对较大，但港口仍有很大的发展空间。

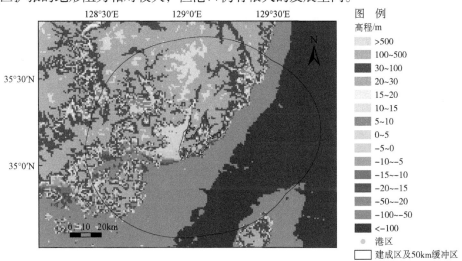

图 2-14　釜山及其周边地区陆海地形特征分布图

2.2 东 南 亚

2.2.1 曼谷港

（1）概况

曼谷港位于曼谷市。曼谷市是泰国首都、最大城市，也是中南半岛最大城市和东南亚第二大城市，被誉为"佛教之都"，为泰国政治、经济、贸易、交通、文化、科技、教育、宗教等方面中心。位于湄南河三角洲的中心，南距曼谷湾25km，距湄南河口约48km。市区跨湄南河两岸，面积1568km²，人口约1197万人。属热带季风气候，终年炎热，有明显的热季、凉季、雨季。年平均气温27.5℃，年降水量1500mm。曼谷是一个年轻的国际大都市，城市历史较短，但在第二次世界大战期间未受到战争洗劫，且抓住了战后的机遇，利用外来资金和技术发展为国际大都市，主要工业有碾米、珠宝首饰、橡胶、纺织、服装、电子、机械等。目前，泰国国内货物以公路运输为主，出口货物以海运为主，海运大部分在曼谷进行，曼谷也是泰国海陆空运输的联结枢纽。位于曼谷市内的华南峰火车站为全国铁路的总枢纽。曼谷北郊的廊曼机场是欧亚间的中继站和东南亚主要空运中心之一。

曼谷港是泰国最大港口，世界20大集装箱港口之一（图2-15），2013年集装箱吞吐量为150.80万TEU。平均潮差1.4m。港区主要码头泊位岸线长1900m，最大水深8.2m。主要出口大米、烟草、橡胶、豆类、锡、柚木、水果、黄麻及手工业品等，进口货物主要有机械、钢铁、汽车、药品、食品、纺织品、石油制品及化工品等。曼谷码头沿湄南

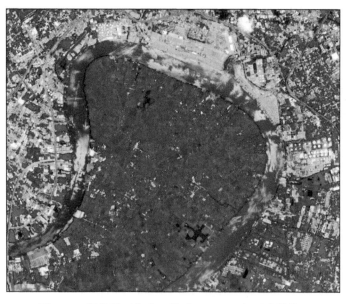

图 2-15　曼谷港区高分 2 号（20150919）遥感影像图

河两岸分布，年吞吐量约 1500 万 t，泰国全国有 90% 的外贸货物通过曼谷港，而且，老挝和柬埔寨部分进出口货物也经此转口。

（2）土地覆盖

曼谷及其周边连续建成区 50km 缓冲区内的土地覆盖遥感解译结果如图 2-16 所示。农田和不透水层是主要的土地覆盖类型，面积分别为 9165.03km² 和 2410.91km²，分别占 74.75% 和 19.66%，森林和水域的面积分别为 439.38km² 和 159.06km²，其他土地覆盖类型面积相对较小。连续建成区的面积为 962.01km²，其中，不透水层和植被覆盖的面积分别为 645.51km² 和 293.31km²，占连续建成区的比例分别为 67.10% 和 30.49%。不透水层集中分布在湄南河的两畔，农田在城区外围区域大范围分布，以水田为主，在南部的泰国湾沿岸也广泛分布。

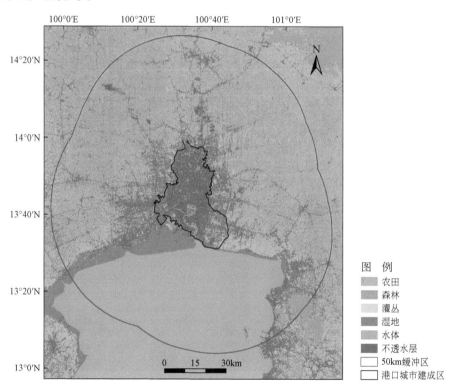

图 2-16　2015 年曼谷及其周边土地覆盖类型图

（3）岸线

基于 2015 年的 Landsat 8 遥感影像进行分析，结果表明，曼谷及其周边区域的岸线总长度约为 393.90km，其中，自然岸线长度为 103.10km，多为淤泥质岸线，人工岸线长度为 290.80km，包括盐田岸线、港口码头、交通岸线、防潮堤岸线。从图 2-17 和图 2-18 中可以看出，人工岸线主要是港口码头岸线和盐田岸线，其长度分别为 106.80km

和 105.20km，占岸线总长度的比例分别为 27.11% 和 26.71%，其次是防潮堤岸线和交通岸线。港口码头岸线主要分布在湄南河沿岸，曼谷港以河港为主，主要缺点是航道浅、水位不稳定，湄南河口有沙嘴阻碍；在曼谷湾东岸建有新港以分担曼谷港老港区的压力；曼谷湾北部岸线多分布有盐田岸线和自然岸线。

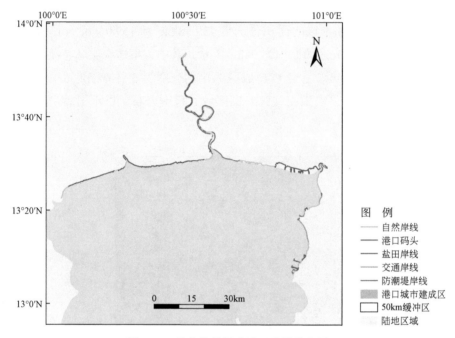

图 2-17 曼谷及其周边地区岸线分布图

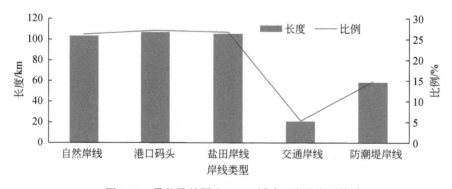

图 2-18 曼谷及其周边 50km 缓冲区岸线类型统计

（4）夜间灯光

图 2-19 是 2000 年和 2013 年的夜间灯光分级分布图以及 2000～2013 年的变化斜率图，可见，在港口城市建成区周围高灯光值范围的分布面积有明显的增长。图 2-20 表示的是 2000～2013 年港口陆域区域内各分级面积比例年际变化情况，代表城市发展水平

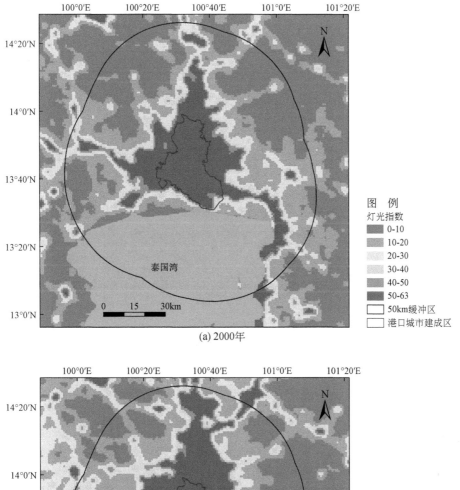

(a) 2000年

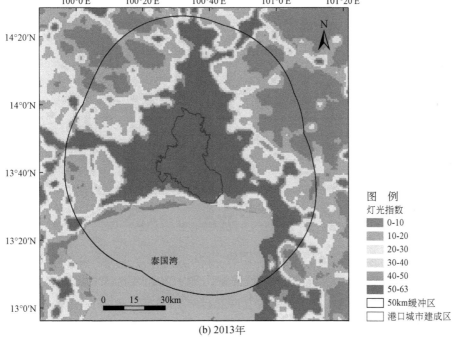

(b) 2013年

图 2-19　曼谷及其周边地区夜间灯光指数分布及变化图

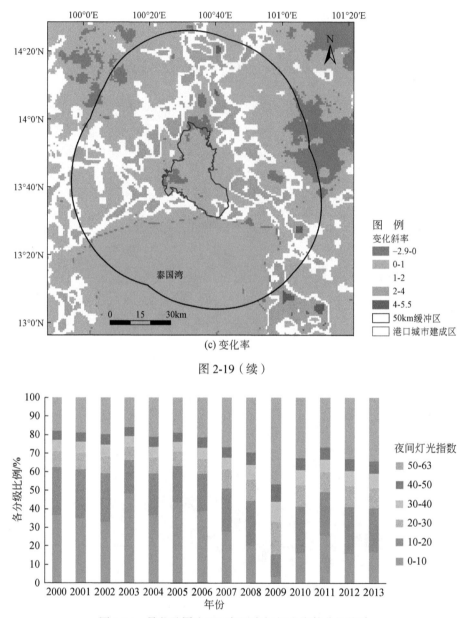

(c) 变化率

图 2-19（续）

图 2-20　曼谷及周边地区年际夜间灯光指数分级统计

最高的 50 ～ 63 阈值范围的区域面积比例从 2000 年的 21% 增加到 2013 年的 37%，城市发展水平较高的 40 ～ 50 阈值范围的区域面积比例从 2000 年的 5% 增加到 2013 年的 7%；代表城市发展水平最弱的 0 ～ 10 阈值范围的区域面积比例从 2000 年的 29% 降低到 2013 年的 12%，城市发展水平较弱的 10 ～ 20 阈值范围的面积比例从 2000 年的 28% 降低到 2013 年的 24%。总的来说，在城市建成区内部，夜间灯光值已趋于饱和；在建成区的外围，灯光指数平均值为 33.99，年平均增长率达 0.94。综上表明，曼谷在过去 14 年具有明显的建成区扩张过程，未来时期的城市扩张进程也将非常显著。

（5）陆海地形

曼谷及其周边 50km 缓冲区范围内的陆海地形特征如图 2-21 所示。建成区的平均高程为 5.29m，建成区周边陆域的平均高程为 6.75m，可见，整个曼谷及其周边地区的地形相对比较平坦，地形对城市未来时期的扩张不存在明显的限制作用。曼谷周边海域大部分水深在 15m 以内，而曼谷港所在的湄南河的水深普遍不足 10m，航道浅、水位不稳定，河口有沙嘴阻碍，这些因素都在一定程度上限制了曼谷港口的发展。因此，总的来说，未来时期曼谷城市建成区的扩张相对容易，但港口发展受到水深因素的制约。

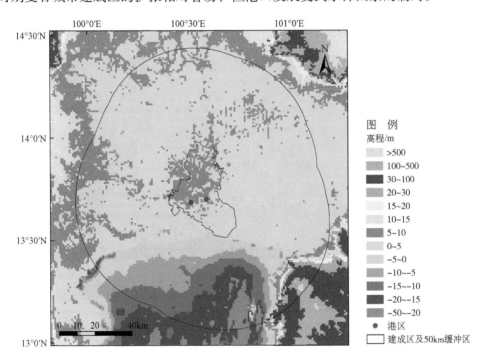

图 2-21　曼谷及其周边地区陆海地形特征分布图

2.2.2　关丹港

（1）概况

关丹港位于关丹市。关丹市是马来西亚彭亨州的首府、管理中心和经济中心，位于马来西亚下游的关丹河口附近，同时也是西马东海岸最大的城市，面向南中国海。城市总面积大约 3.6 万 km²，总人口大约 3.4 万人，主要有马来人、华人、印度人以及其他人种，其中，华人是关丹的第二大人种，约占总人口的 32%。关丹东北部分布着丘陵，关丹河口较深，可以给轮船提供靠岸条件，所以关丹也是马来西亚的重要港口城市。贸易和商业是关丹重要的经济成分，其中旅游业是关丹一个重要的经济支柱，同时，木材工业和渔业也对经济发展有重要的影响。

关丹港位于马来半岛南端，分老港和新港（图2-22），老港为河口港，在关丹市区；新港为外贸港口，在关丹市中心以北约25km处，2010年集装箱吞吐量为11.60万TEU。关丹新港为半日潮港，高潮潮高为2.0～3.0m，大潮时潮高可达3.5m，低潮潮高为0.9～1.7m。港区水域涨潮时为南流，落潮时为北流。关丹港正逐渐强化其石化枢纽港和马来半岛东海岸货柜码头的地位，并正在迅速发展成为马来西亚重要的铁矿和锰矿出口基地。

图 2-22　关丹港区遥感影像图

（2）土地覆盖

关丹及其周边连续建成区50km缓冲区的土地覆盖遥感解译结果如图2-23所示。森林在所有的土地覆盖类型中占据绝对优势，面积为5547.36km²，所占比例高达91.54%，农田和不透水层面积分别为293.85km²和38.05km²，比例分别为5.30%和0.69%。连续建成区的总面积为32.63km²，其中，不透水层和植被覆盖的面积分别为22.83km²和9.77km²，占建成区比例分别为69.96%和29.93%。不透水层主要分布在关丹河口附近和河口北岸的沿海地带，农田的分布比较集中，主要在彭亨河以北区域大量连片分布。

（3）岸线

基于2015年的遥感影像进行分析，结果（图2-24、图2-25）表明，关丹城市建成区周围50km缓冲区内的海岸线总体呈南北向分布，总长度约为190.36km，其中自然岸线的长度为147.06km，人工岸线的长度为43.30km，所占比例分别为77.25%和22.75%。

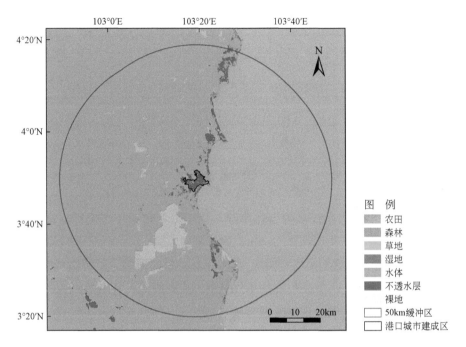

图 2-23　2015 年关丹及其周边土地覆盖类型图

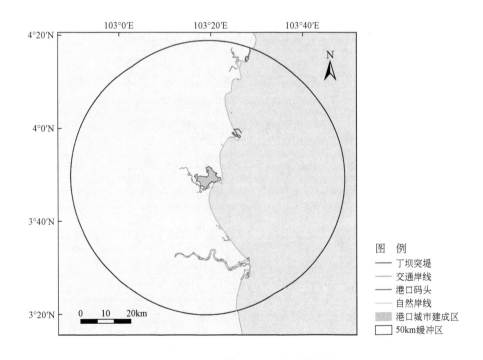

图 2-24　关丹及其周边地区岸线分布图

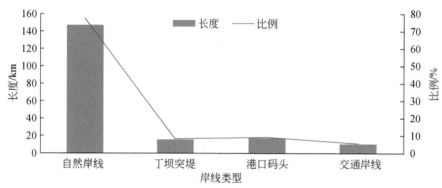

图 2-25　关丹及其周边 50km 缓冲区海岸线类型统计

远离港口和城市建成区的海岸线多为自然岸线。人工岸线包括丁坝突堤、港口码头和交通岸线三类，其中，港口码头岸线 17.35km，占岸线总长度的 9.11%，主要分布在彭亨州关丹北方 25km 的新建深水港处；丁坝突堤主要分布在港口周围，总长度约为 15.32km，占岸线总长度的 8.05%；交通岸线长度为 10.63km，占岸线总长度的 5.58%，主要分布在港口附近，为港口的发展提供一定的交通运输功能。

（4）夜间灯光

图 2-26 是 2000 年和 2013 年的夜间灯光分级分布图以及 2000 ～ 2013 年的变化斜率图，可见，高阈值区域的分布面积在港口及城市建成区周围有明显的增长，体现为沿海

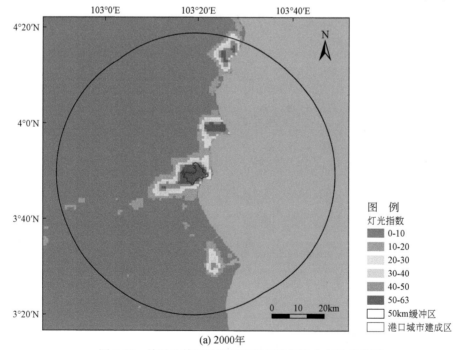

(a) 2000年

图 2-26　关丹及其周边地区夜间灯光指数分布及变化图

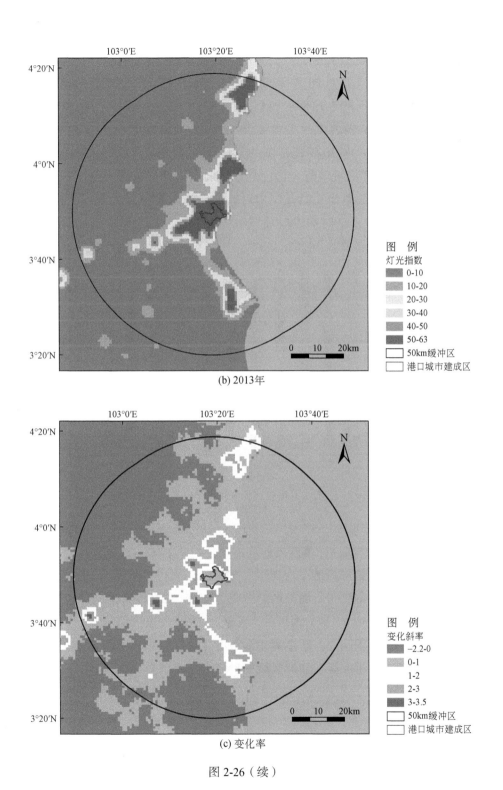

(b) 2013年

(c) 变化率

图 2-26（续）

岸线多极增长的格局特征。图 2-27 表示的是 2000 ～ 2013 年港口城市陆域区域内各分级面积比例的年际变化情况，其中，代表城市发展水平最高的 50 ～ 63 阈值范围的面积比例从 2000 年的 2.99% 增加到 2013 年的 9.56%，城市发展水平较高的 40 ～ 50 阈值范围的面积比例从 2000 年的 2.75% 增加到 2013 年的 5.02%；同时，代表城市发展水平非常弱的 0 ～ 10 阈值范围的面积比例从 2000 年的 77.56% 降低到 2013 年的 51.91%，城市发展水平较弱的 10 ～ 20 阈值范围的面积比例从 2000 年的 9.66% 增加到 2013 年的 20.34%。建成区内部的夜间灯光值已趋于饱和，而建成区周边区域灯光指数的平均值是 19.33，年平均增长率为 0.33，均相对较低。综上表明，关丹在过去 14 年具有明显的建成区扩张过程，未来时期港口及城市区域的建成区仍将以沿海岸线分布的多个"极点"为基础持续扩张。

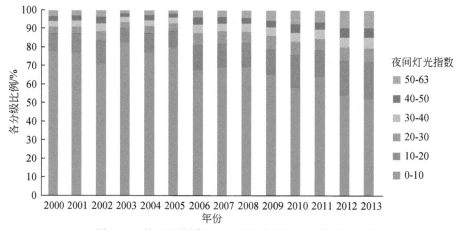

图 2-27　关丹及其周边地区年际夜间灯光指数分级统计

（5）陆海地形

关丹及其周边 50km 缓冲区范围内的陆海地形特征如图 2-28 所示，建成区的平均高程为 26.31m，建成区周边陆域的平均高程为 92.57m，可见关丹及其周边地区的地形高程差异较大，未来时期城市扩张所面临的地形阻力较大。周边海域的水深条件相对较差，大部分海域的水深不足 10m，部分海域的水深超过 10m；旧港属于河港，航道水深较浅，存在较为严重的泥沙淤积问题；新港周边海域的水深超过 10m。综合陆、海两方面的地形特征，未来时期关丹建成区在陆地区域的扩张阻力相对较大，但港口尤其是新港的发展潜力则总体较佳。

2.2.3　新加坡港

（1）概况

新加坡港位于新加坡。新加坡，全称为新加坡共和国，是东南亚的一个岛国，是东

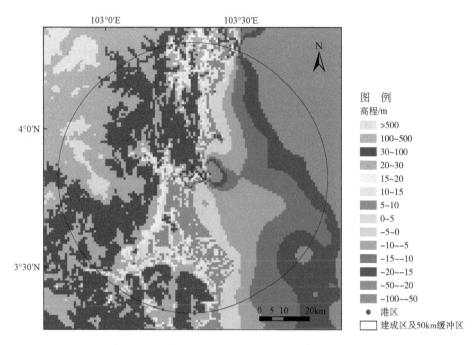

图 2-28　关丹及其周边地区陆海地形特征分布图

南亚及世界性大港埠与金融中心之一。位于新加坡岛南岸中段，扼新加坡海峡咽喉，北隔柔佛海峡与马来西亚为邻，南隔新加坡海峡与印度尼西亚相望，毗邻马六甲海峡南口。人口 553 万人，面积 719.1km²。人口密度 7697 人 /km²。属于热带多雨气候，全年温差小，月平均温度为 23 ～ 34℃，年均降水量在 2400mm 左右。新加坡的地理位置非常重要，具有世界海、空航线重要交通枢纽的地位，是世界上同时联系亚、欧、非、大洋洲的航海与航空中心。处于物产富饶、人口众多、开发历史久远的东亚区域中心，而且临近中国和印度两大文明古国。新加坡依靠国际性的港埠发展外向型经济，已发展成为国际贸易中心、金融中心和工业中心。其经济外向性尤为突出，资金、技术、原料依靠国外供给，市场也寄托在国外，以电子、石油化工、金融、航运和服务业为主。制造业产品主要包括电子、化学与化工、生物医药、精密机械、交通设备、石油产品、炼油等。迄今新加坡已经成为东南亚最大修造船基地和世界第三大炼油中心。全球 372 个港口、500 多条航线的船只进出新加坡港，航行于马六甲海峡的船只约有半数在新加坡停泊，其吞吐量远远大于其邻国马来西亚、泰国、菲律宾全部港口之和，而且，其中超过半数是集装箱货物。

　　新加坡港扼太平洋及印度洋之间的航运要道，战略地位十分重要，是亚太地区最大的转口港、世界第二大集装箱港口（图 2-29），共有 250 多条航线来往世界各地，可供过往马六甲海峡的船舶停泊、补给和维修。2013 年集装箱吞吐量为 3224.00 万 TEU。主要的进出口货物包括石油、机械设备、电子电器、化肥、水泥、谷物、糖、橡胶、面粉、化工产品、矿砂、工业原料、食品、木材、椰油、椰干、棕榈果及杂货等。属于全日潮，平均潮差 2.2m，港区最大水深 14m。

图 2-29　新加坡港区高分 2 号（20150601）遥感影像图

（2）土地覆盖

新加坡 2015 年土地覆盖遥感解译结果如图 2-30 所示。不透水层、森林是主要的土

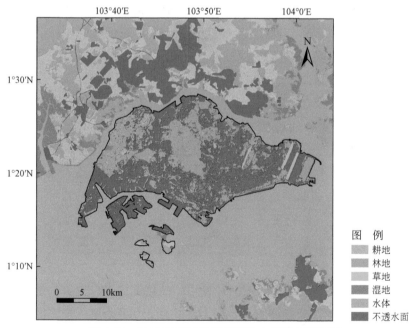

图 2-30　2015 年新加坡及其周边土地覆盖类型图

地覆盖类型，面积分别为 404.43km² 和 187.02km²，所占比例为 56.70% 和 26.22%，水体面积为 68.87km²，占 9.66%。连续建成区的面积为 588.16km²，其中，不透水层和植被覆盖占连续建成区面积的比例分别为 60.93% 和 29.66%。森林主要分布于西部和中部，不透水层在除森林之外的地区广泛分布，主要集中在南部地区。

（3）岸线

新加坡是岛国，毗邻马六甲海峡。基于 2015 年的 Landsat 8 遥感影像进行分析，结果表明，新加坡海岸线总长度约为 438.50km，其中，自然岸线长度为 114.50km，多分布于新加坡岛北侧，人工岸线长度为 324.00km，自然岸线和人工岸线占总长度的比例分别为 26.11% 和 73.89%，可见，新加坡海岸带的开发利用程度非常高。人工岸线包括丁坝突堤、围垦中岸线、港口码头、交通岸线、防潮堤岸线，从图 2-31 和图 2-32 中可以看出，人工岸线主要是港口码头，分布在新加坡岛南侧海岸及周边岛屿上，岸线长度为 166.40km，占岸线总长度的 37.95%，其次是交通岸线和防潮堤岸线，长度分别为 54.40km 和 48.40km，占岸线总长度的比例分别为 12.41% 和 11.04%；其他类型的人工岸线相对较少，所占比例较低。

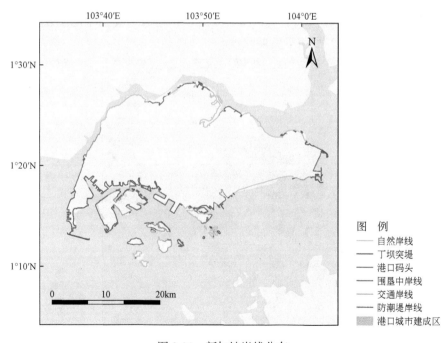

图 2-31　新加坡岸线分布

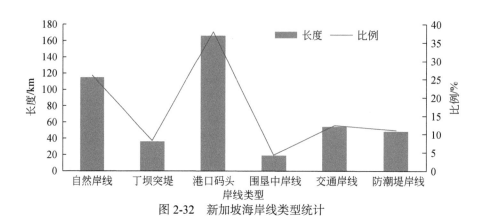

图 2-32　新加坡海岸线类型统计

（4）夜间灯光

图 2-33 是 2000 年和 2013 年的夜间灯光分级分布图以及 2000～2013 年的变化斜率图，可以看出，新加坡的城市化水平总体较高，大多数区域已经是建成区，14 年新增的建成区主要集中在沿海及周边岛屿的港口附近。图 2-34 是 2000～2013 年新加坡各分级面积比例年际变化情况，新加坡的城市化水平非常高，代表城市发展水平最高的 50～63 阈值范围的面积比例从 2000 年的 91% 增加到 2013 年的 97%，而其他阈值范围的面积比例则很小。新加坡普遍存在灯光值衰退的现象，其原因主要在于，新加坡的城市化水平已经非常高，城市化进程已进入成熟期，城市景观设计对绿地覆盖率的重视程度非常高，城市空间向地下转移，地表则用于发展绿地。

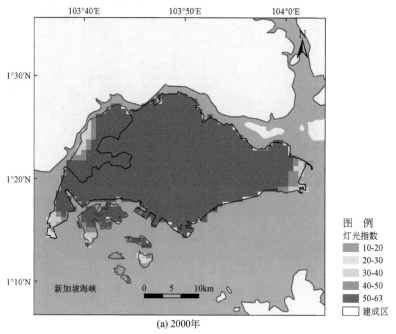

(a) 2000年

图 2-33　新加坡夜间灯光指数分布及变化图

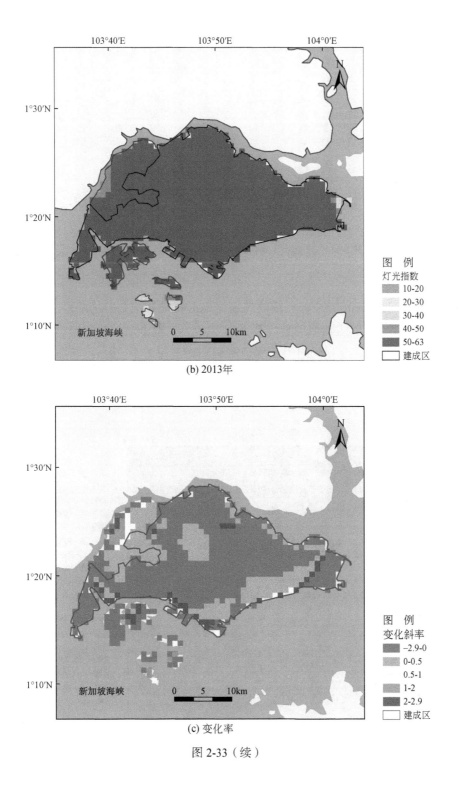

(b) 2013年

(c) 变化率

图 2-33（续）

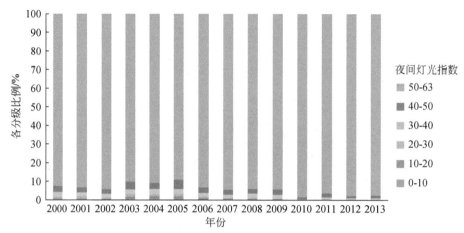

图 2-34　新加坡及周边地区年际夜间灯光指数分级统计

（5）陆海地形

新加坡及周边 50km 缓冲区范围内的陆海地形特征如图 2-35 所示。建成区的平均高程为 19.17m，建成区周边陆域的平均高程为 13.49m，整个新加坡的地形相对比较平坦，地形并非城市空间格局变化的阻力；周边海域平均水深为 16.13m，其中，新加坡本岛港口周边海域的水深普遍不足 15m，其外围散布的岛屿的港口周边海域水深条件较好，普遍超过 15m。

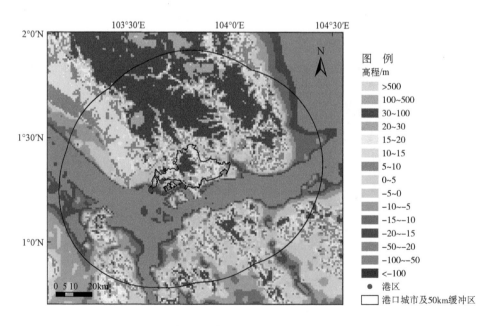

图 2-35　新加坡及其周边地区陆海地形特征分布图

2.2.4　雅加达港

（1）概况

雅加达港位于雅加达市。雅加达是世界最大群岛国印度尼西亚的首都、经济和文化中心，爪哇岛最大的商埠和港口，位于爪哇岛西部的北海岸，在芝里翁河口，濒临雅加达湾，扼太平洋通印度洋的咽喉要道。大雅加达特区面积为 650.4km²，人口 1018 万。地势南高北低，南部有许多小丘陵，北部基本上是冲积平原。雅加达是热带雨林气候，年平均气温 26.2℃，各月仅相差 1℃左右，年降水量 1750mm，雨季主要集中在 11 月至次年 4 月，全年相对湿度都在 75% 以上。良好的水热条件给郊区的果木和农作物种植业提供了优良的条件。主要的制造业有机械、烟草、造纸、纺织、汽车配件、化工和食品加工等。雅加达集中了印度尼西亚 1/4 的商贸和 2/3 的金融部门，是世界海上贸易的重要联络中心，贸易遍及亚、欧、非三大陆。印度尼西亚是东南亚最大的石油生产国，雅加达的炼油厂逐年扩大，产品大部分通过外港出口。雅加达是爪哇岛重要的交通枢纽，印尼群岛的海空航线中心，市内有国际机场，是东南亚特别是欧洲与大洋洲之间国际航线的重要中继站。

雅加达港是印度尼西亚最大的集装箱港口和最有名的胡椒输出港（图 2-36），2013年集装箱吞吐量为 659 万 TEU。属全日潮港，平均潮差 0.6m，港区岸线长 5514m，最大水深 11.5m。主要出口橡胶、茶叶、胡椒、咖啡、木材、锌、金鸡纳霜、石油及烟草等，进口货物主要有机械、钢铁、大米、药品、家电及食糖等。雅加达港口有着印度尼西亚最大的修造船和仓储能力，其外港丹戎不碌港从事西爪哇的物资出口和全国大部分的进口物资以及转往其他岛屿。距国际机场约 20km，有定期航班飞往世界各地。

图 2-36　雅加达港区遥感影像图

（2）土地覆盖

雅加达及周边连续建成区50km缓冲区土地覆盖遥感解译结果如图2-37所示。森林、农田、不透水层是最主要的3种土地覆盖类型，面积分别为5573.87km²、4938.53km²和2046.79km²，所占比例分别为42.91%、38.02%和15.76%。连续建成区的面积为1400.96km²，其中，不透水层和植被覆盖面积分别为1158.12km²和237.51km²，分别占连续建成区总面积的82.67%和16.95%。森林主要分布在城区外围，西部、南部尤为集中，不透水层主要在中部地区，在连续建成区外围也有一定的分布，农田主要集中在北部沿海，其他土地覆盖类型的面积相对较小。

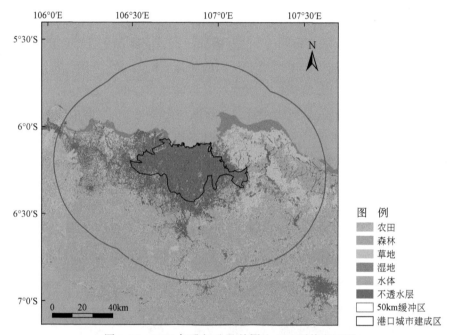

图2-37　2015年雅加达及其周边土地覆盖类型图

（3）岸线

雅加达位于爪哇岛西部北侧的海岸，基于2015年的Landsat 8遥感影像进行分析，结果表明，雅加达及其周边区域的海岸线总长度约为400.90km，其中自然岸线长度为250.85km，多为淤泥质岸线；人工岸线长度为150.14km，包括丁坝突堤、盐田岸线、围垦中岸线、港口码头、交通岸线、防潮堤岸线。从图2-38和图2-39中可以看出，人工岸线主要是港口码头，长度为81.09km，占岸线总长度的20.22%，主要分布在雅加达湾附近，海湾靠西的部分为渔港，东边则为货港丹戎不碌港和海军基地；其次是围垦中岸线，约为19.58km，占岸线总长度的4.88%。其他类型的人工岸线长度相对较小，所占比例较低。

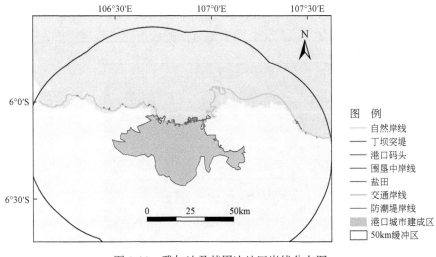

图 2-38　雅加达及其周边地区岸线分布图

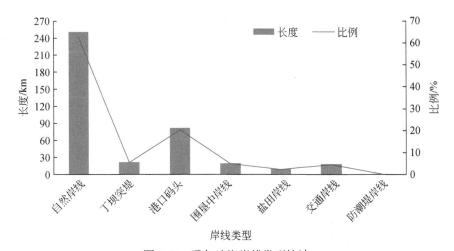

图 2-39　雅加达海岸线类型统计

（4）夜间灯光

图 2-40 是 2000 年和 2013 年的夜间灯光分级分布图以及 2000～2013 年的变化斜率图，可以看出，高灯光值的分布面积在城市建成区周围有较为显著的增长，主要向东南、南部和西部扩张。图 2-41 是 2000～2013 年港口陆域各分级面积比例的年际变化情况，其中，代表城市发展水平最高的 50～63 阈值范围的面积比例从 2000 年的 12% 增加到 2013 年的 24%，城市发展水平较高的 40～50 阈值范围的面积比例在过去 14 年基本保持在 4% 左右，同时，代表城市发展水平最弱的 0～10 阈值范围的面积比例从 2000 年的 49% 降低到 2013 年的 24%，城市发展水平较弱的 10～20 阈值范围的面积比例从 2000 年的 23% 增加到 2013 年的 29%。连续建成区内部的灯光值已趋于饱和，而其周边

区域的灯光指数平均值为 23.02，相对较低，多年平均增长率为 0.57。综上表明，雅加达在过去 14 年有较为明显的建成区扩张，而未来时期的城市化进程也将较为迅速。

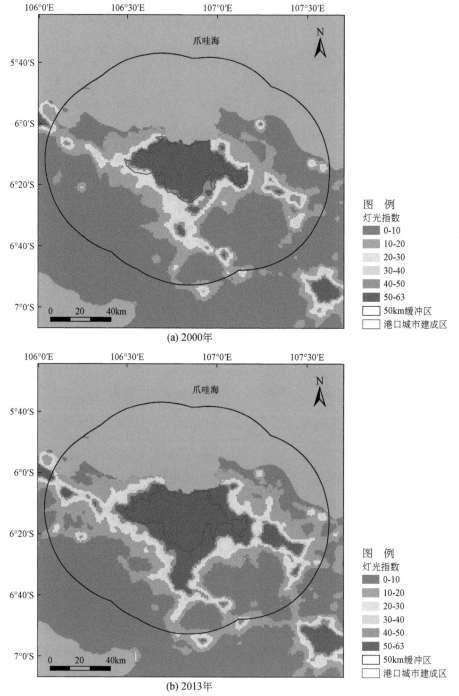

图 2-40　雅加达及其周边地区夜间灯光指数分布及变化图

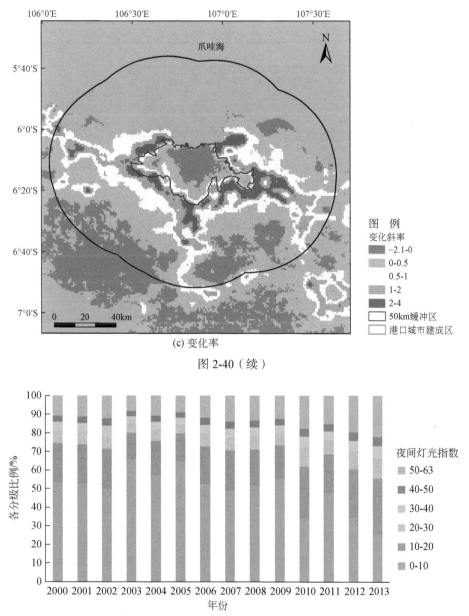

(c) 变化率

图 2-40（续）

图 2-41 雅加达及周边地区年际夜间灯光指数分级统计

（5）陆海地形

雅加达及周边 50km 缓冲区范围内的陆海地形特征如图 2-42 所示。建成区的平均高程为 24.78m，建成区周边陆域的平均高程为 254.24m，可见，雅加达建成区周边地区的地形高程差异显著、地势比较崎岖，地形将是未来时期城市扩张的重要制约因子。周边海域水深由陆向海变化较为剧烈，近岸区域水深普遍不足 10m，但港口周边海域以及远离海岸的海域水深条件较好。综合陆域和海域两方面的地形特征，未来时期雅加达建成区扩张的地形阻力相对较大，但地形对港口发展并无明显的限制作用。

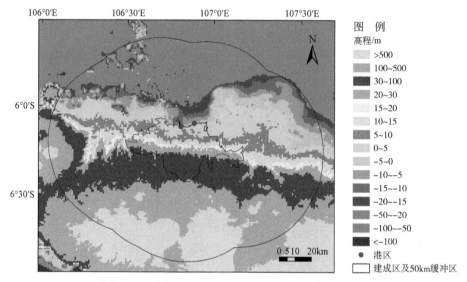

图 2-42　雅加达及其周边地区陆海地形特征分布图

2.2.5　皎漂港

（1）概况

皎漂港位于皎漂市。皎漂市，位于缅甸西部的若开邦，在缅甸最大城市仰光市的西北方向约 400km。皎漂坐落于孟加拉湾东岸，与兰里岛隔康伯米尔湾相望，有重要渔港和机场。属热带雨林气候，天气炎热、雨量充沛。

皎漂港地处孟加拉湾的东海岸，是缅甸西北部拱坝么瑞湾内的港口（图 2-43），是优良的天然避风避浪港，自然水深 24m 左右，可航行、停泊 25 万～30 万 t 级远洋客货轮船，目前正在被建设成为一个可供停靠 30 万 t 级油轮的中型港口，建成后皎漂港将是缅甸最大的远洋深水港。皎漂深水港在孟加拉国吉大港、缅甸仰光港和印度加尔各答港间的水路交通中转方面也将发挥出重要的作用。中缅原油和天然气管道运输的起点位于该港内的马德岛。

（2）土地覆盖

皎漂连续建成区 10km 缓冲区范围内的土地覆盖遥感解译结果如图 2-44 所示。农田和森林是主要的土地覆盖类型，面积分别为 64.26km² 和 69.55km²，所占比例分别为 35.25% 和 38.15%；湿地和不透水层的面积分别为 38.70km² 和 5.53km²，所占比例分别为 21.23% 和 3.03%，湿地主要分布在海湾和近海水域附近，不透水层主要分布在皎漂港口周边。连续建成区的总面积比较小，仅为 6.42km²，其中，不透水层和植被覆盖的面积分别为 4.91km² 和 1.47km²，占连续建成区总面积的比例分别为 76.42% 和 22.92%。

图 2-43 皎漂港区高分 2 号（20160311）遥感影像图

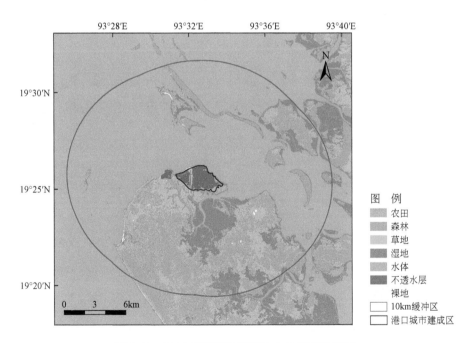

图 2-44 2015 年皎漂及其周边土地覆盖类型图

（3）岸线

基于 2015 年的 Landsat 8 遥感影像进行岸线提取和分类，结果（图 2-45、图 2-46）表明：皎漂港口城市建成区周围 10km 缓冲区范围内的海岸线总长度约为 72.34km；自然岸线长

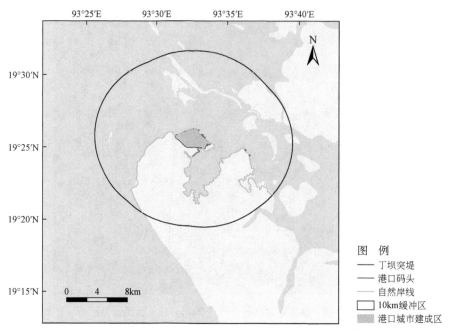

图 2-45　皎漂及其周边地区岸线分布图

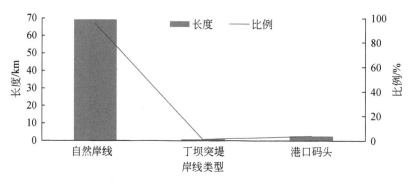

图 2-46　皎漂及其周边海岸线类型统计

度为 69.11km，占 95.53%；人工岸线长度为 3.23km，占 4.47%，主要是港区范围内的港口码头和丁坝突堤。

（4）夜间灯光

图 2-47 是 2000 年和 2013 年的夜间灯光分级分布图以及 2000～2013 年的变化斜率图，图 2-48 是分级面积年度统计图，可以看出，皎漂港及其周边区域的夜间灯光指数有较为显著的增长态势，但高值区的总面积仍较有限，表明建成区尚未形成规模。2013 年之前灯光数据的值普遍较低（小于 10），而 2013 年之后灯光亮度有所增加。综上表明，皎漂目前仍处于港口建设的早期阶段，城市建成区规模非常有限，港与城之间的互动关

系比较微弱，港口和城镇发展的速度均有待提高。

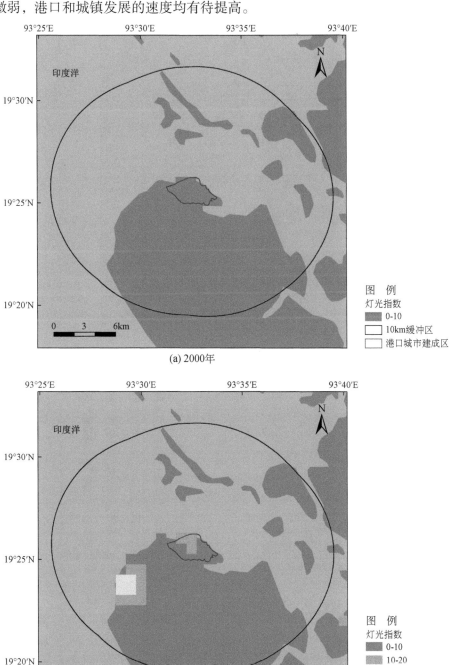

图 2-47　皎漂及其周边地区夜间灯光指数分布及变化图

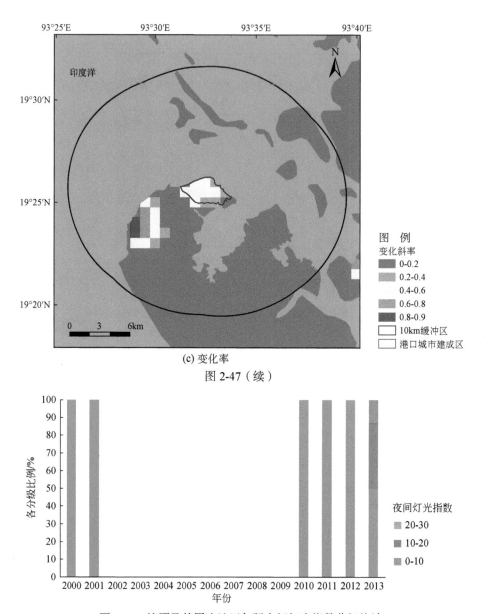

(c) 变化率

图 2-47（续）

图 2-48　皎漂及其周边地区年际夜间灯光指数分级统计

（5）陆海地形

皎漂及其周边 50km 缓冲区范围内的陆海地形特征如图 2-49 所示。建成区的平均高程为 2.89m，建成区周边陆域的平均高程为 15.53m，而皎漂港建成区附近的高程则多在 5m 左右，周边海域水深普遍超过 10m，甚至更深，水深条件较好。可见，皎漂港周边地区的地形相对比较平坦，地形并非未来时期港口和城市扩张的重要限制因子，周边海域水深条件也将为港口的发展提供较好的基础。

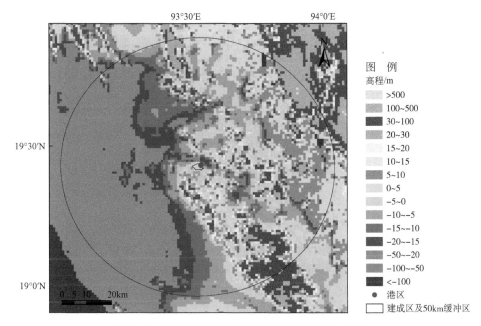

图 2-49　皎漂及其周边地区陆海地形特征分布图

2.3　南　亚

2.3.1　瓜达尔港

（1）概况

瓜达尔港位于瓜达尔市。瓜达尔市位于巴基斯坦俾路支省，东距卡拉奇约 460km，西距巴基斯坦—伊朗边境约 120km，南临印度洋的阿拉伯海，位于霍尔木兹海峡湾口处，是巴基斯坦通往波斯湾和阿拉伯海的大门，战略位置重要。地处亚热带半干旱气候区，炎热少雨；区域面积 1.26 万 km²，人口 8.5 万人。瓜达尔港对于中国有着非常重要的战略意义，现今中国 60% 的能源补给来自中东，80% 的石油进口经过马六甲海峡，而瓜达尔港的辐射面直接到达南亚、中东、非洲，若建成中巴石油管道，由此能大大减轻中国对马六甲的依赖。瓜达尔港也将成为中亚内陆国家最近的出海口，担负起这些国家连接东南亚、中东各国甚至与中国新疆等西部省份的海运任务，成为地区转载、仓储、运输的海上中转站。

瓜达尔港是巴基斯坦西南部的重要港口，地理位置突出，是天然的深水港口、巴基斯坦的第三大港口（图 2-50）。巴基斯坦瓜达尔港运营权已于 2013 年 2 月 18 日移交中国企业，2015 年 11 月中国获租巴基斯坦瓜达尔港约 9.23km² 土地，为期 43 年，用于建设瓜达尔港首个经济特区。该港位于具有重要战略意义的波斯湾的咽喉附近，紧扼从非洲、欧洲经红海、霍尔木兹海峡、波斯湾通往东亚、太平洋地区数条海上重要航线的咽喉。

可以作为东亚国家转口贸易及中亚内陆国家的出海口。

图 2-50   瓜达尔港区高分 2 号（20160217）遥感影像图

（2）土地覆盖

瓜达尔港建成区及其周边 10km 缓冲区的土地覆盖遥感解译结果如图 2-51 所示。

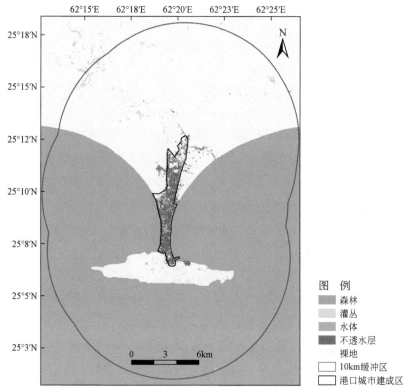

图 2-51   2015 年瓜达尔及其周边土地覆盖类型图

裸地是最主要的土地覆盖类型，面积为 210.99km²，所占比例高达 90.87%；灌丛和不透水层的面积分别为 5.01km² 和 15.97km²，所占比例分别为 2.16% 和 6.88%。连续建成区的面积为 12.79km²，其中，不透水层和植被覆盖的面积分别为 7.54km² 和 1.86km²，占连续建成区总面积的比例分别为 58.95% 和 14.51%。可见，裸地占据了瓜达尔港及其周边的大部分区域，不透水层主要在瓜达尔城区集中分布，灌丛主要集中在瓜达尔港的西北部地区，其他类型的土地覆盖分布面积相对较小。

（3）岸线

瓜达尔港于 2014 年建成，目前港口发展处于起步阶段。基于 2015 年的 Landsat 8 遥感影像进行分析，结果（图 2-52、图 2-53）表明，瓜达尔港建成区 10km 缓冲区范围内的海岸线长度为 62.52km，岸线总体较为平直，其中，自然岸线长度为 47.54km，占 76.04%，主要分布在瓜达尔市通向瓜达尔港的东西两侧沿海地带，人工岸线长度为 14.98km，占 23.96%，其中主要是交通岸线，长度为 12.48km，主要分布在瓜达尔港连续建成区的西侧沿海地带，在瓜达尔港西南地区沿海地带也有交通岸线的分布。港口码头岸线长度为 2.50km，所占比例为 4.00%。

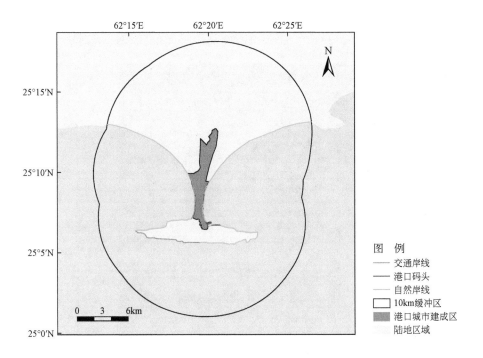

图 2-52　瓜达尔及其周边地区岸线分布图

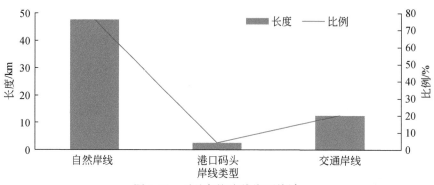

图 2-53 瓜达尔海岸线类型统计

（4）夜间灯光

图 2-54 是 2000 年和 2013 年的夜间灯光分级分布图以及 2000 ～ 2013 年的变化斜率图，可以看出，2000 年瓜达尔港周边区域的灯光指数仅有 <10 和 10 ～ 20 两个分级，但到 2013 年分级已经增至 4 个，其中最高分级为 30 ～ 40。图 2-55 是 2000 ～ 2013 年港口陆域各分级面积比例年际变化情况，代表较高城市发展水平的 30 ～ 40 阈值范围的面积比例从 2000 年的 0% 增加到 2013 年的 4%，而 20 ～ 30 阈值范围的面积比例从 2000 年的 0% 增加到 2013 年的 5%；同时，代表城市发展水平最低的 0 ～ 10 阈值范围的面积比例从 2000 年的 76% 降低到 2013 年的 53%，10-20 阈值范围的面积比例则从 2000 年的 24%

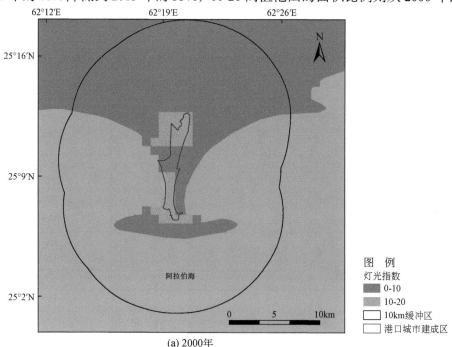

(a) 2000年

图 2-54 瓜达尔及其周边地区夜间灯光指数分布及变化图

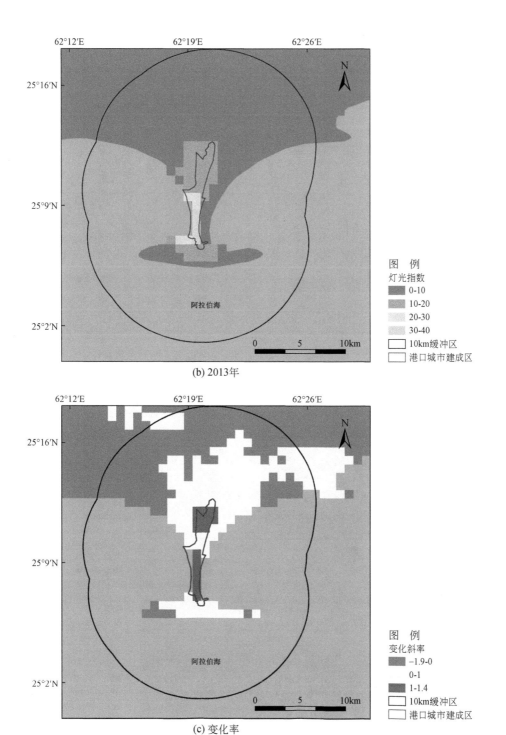

(b) 2013年

(c) 变化率

图 2-54（续）

增加到 2013 年的 38%。连续建成区范围的灯光指数平均值为 21，总体较低，但灯光指数年平均增长率高达 1.09；建成区周边区域的灯光指数平均值仅为 9.84，灯光指数年平均增长率仅为 0.16。综上表明，瓜达尔港在过去 14 年发展缓慢，只是到近年来才开始进入较快的发展阶段，预计未来时期的发展速度变化将较为显著。

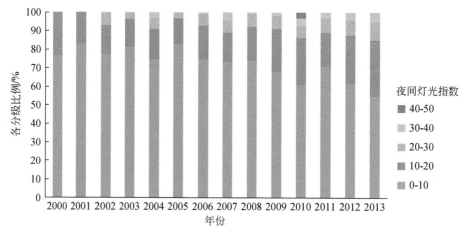

图 2-55 瓜达尔港及其周边地区年际夜间灯光指数分级统计

（5）陆海地形

瓜达尔及周边 50km 缓冲区范围内的陆海地形特征如图 2-56 所示。建成区的平均高

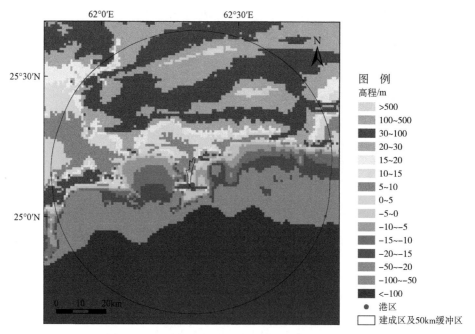

图 2-56 瓜达尔及其周边地区陆海地形特征分布图

程为 6.06m，建成区周边陆域的平均高程为 21.35m，地势总体比较平坦，地形并非港口和城镇发展的明显阻力；瓜达尔周边海域的水深条件较为优越，港口及其毗邻区域属于陆连岛地形，与相邻海湾良好的水深条件共同构成港口建设和发展的良好基础。

2.3.2　孟买港

（1）概况

孟买港位于孟买市。孟买是印度西海岸的大城市和印度最大的海港，是印度重要交通枢纽，素有印度"西部门户"之称。位于马哈拉施特拉邦西海岸外的撒尔塞特岛，是马哈拉施特拉邦的首府，面临阿拉伯海，周围港湾众多、岸线曲折，是一个天然良港。城市面积 600km^2 以上，人口超过 1800 万，是世界上人口最拥挤的城市之一。孟买属于热带季风气候，最热月 5 月平均气温 33℃，最凉月 1 月平均气温 19℃，年降水量 2078mm，降水主要集中在 6～9 月。孟买以东的高原土地肥沃，是印度最大的棉花种植区，孟买是全印度纺织业的中心，纺织业产值占印度全国的 40%，孟买也是印度的金融中心和工业基地，除了纺织业之外，还有毛织、皮革、石油化工、制药、机械、食品、电影等工业以及电子信息技术行业。孟买港位于孟买岛东岸，常年吞吐量 2000 万 t，占全国进出口贸易的半数以上。工业集中分布在北部的莫泽岗和拜古拉等区域，南端有重要的海军基地。孟买通过公路网和印度其他地区相连，是印度西部和中部铁路的终点，拥有国际航班机场，是印度重要的航空枢纽。

孟买港是印度最大的港口、全球最大的纺织品出口港（图 2-57），2013 年集装箱吞吐量为 416.20 万 TEU。属半日潮港，平均潮高的高潮和低潮分别为 4.4m 和 0.8m，港区

图 2-57　孟买港区遥感影像图

最大水深 14m，能停泊 2 万～3 万 t 海轮。主要出口货物为纺织品、黄麻、矿石、面粉、花生、棉花、煤、糖、植物油等，有"棉花港"之称，进口货物主要有石油、钢铁、粮谷、水泥、木材、机械、橡胶及化工品等。距印度最大的机场约 28km。

（2）土地覆盖

孟买及其周边连续建成区 50km 缓冲区范围内的土地覆盖遥感解译结果如图 2-58 所示。农田与森林是主要的土地覆盖类型，面积分别为 3045.96km² 和 2478.03km²，所占比例分别为 40.57% 和 33.00%；其次是不透水层，面积为 855.45km²，所占比例为 11.39%；再次是湿地，面积为 456.36km²，所占比例为 6.08%。连续建成区的总面积为 319.49km²，其中，不透水层和植被覆盖的面积分别为 294.96km² 和 21.99km²，分别占连续建成区总面积的 92.32% 和 6.88%。农田与森林大量分布在孟买周边地区，不透水层主要集中在孟买城市地区，孟买北部与东部也有成片的不透水层分布，孟买及周边地区的阿拉伯海沿岸分布着大量的湿地；其他类型的土地覆盖面积则相对较小。

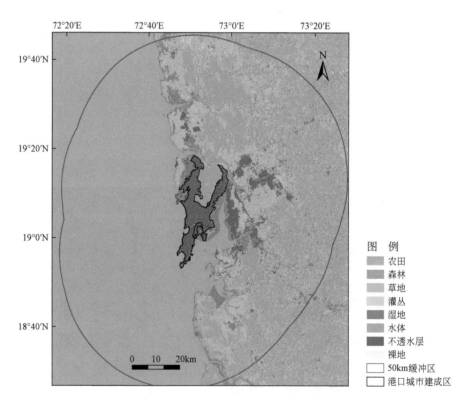

图 2-58　2015 年孟买及其周边土地覆盖类型图

（3）岸线

基于 2015 年的 Landsat 8 遥感影像进行分析，结果表明，孟买及其周边的海岸线总长度约为 503.20km，其中自然岸线长度为 331.90km，占 65.96%，多为淤泥质海岸；人工岸线长度为 171.30km，占 34.04%，包括丁坝突堤、港口码头、围垦中岸线、交通岸线、防潮堤岸线、养殖岸线、盐田岸线。从图 2-59 和图 2-60 中可以看出，人工岸线主要是港口码头，长度为 75.90km，占岸线总长度的 15.08%，主要分布在孟买岛东岸，其次是交通岸线和防潮堤岸线，长度分别为 48.50km 和 32.70km，所占比例分别为 9.64% 和 6.50%。

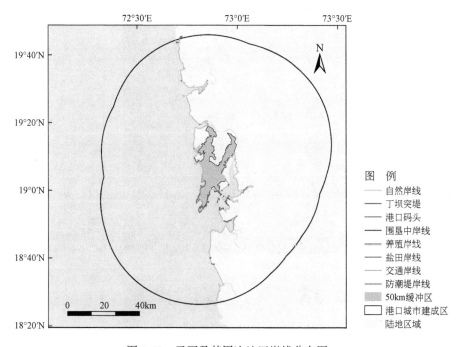

图 2-59　孟买及其周边地区岸线分布图

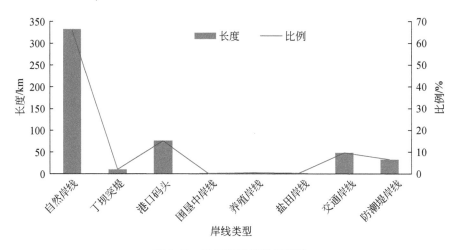

图 2-60　孟买海岸线类型统计

（4）夜间灯光

图 2-61 是 2000 年和 2013 年的夜间灯光分级分布图以及 2000 ～ 2013 年的变化斜率

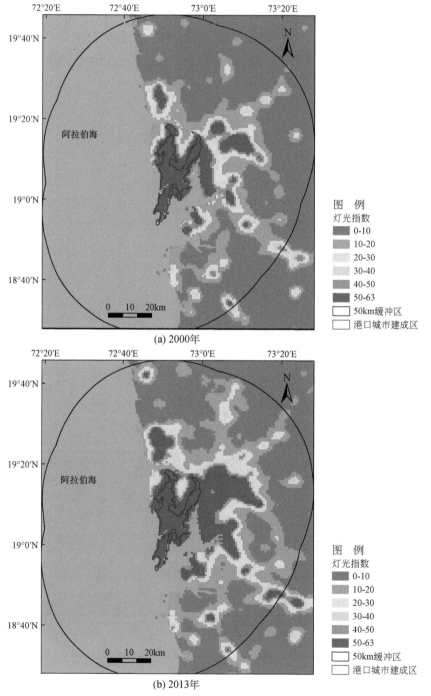

(a) 2000年

(b) 2013年

图 2-61　孟买及其周边地区夜间灯光指数分布及变化图

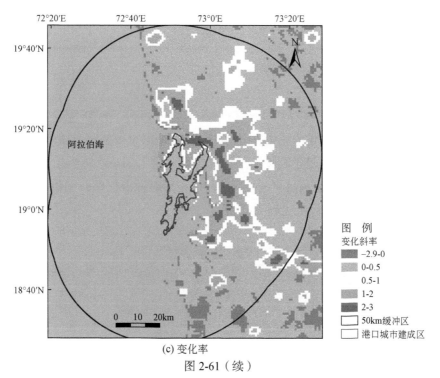

(c) 变化率

图 2-61（续）

图，可以看出，高阈值范围的分布面积在孟买城市建成区周围有一定的增长，尤其是在东部地区有较为明显的增长。图 2-62 是 2000 ～ 2013 年港口陆域区域内各分级面积比例的年际变化情况，其中，代表城市发展水平最高的 50 ～ 63 阈值范围的面积比例从 2000 年的 11% 增加到 2013 年的 18%，城市发展水平较高的 40 ～ 50 阈值范围的面积比例 14 年基本保持在 4% 左右，同时，代表城市发展程度最弱的 0 ～ 10 阈值范围的面积比例从 2000 年的 54% 降低到 2013 年的 41%，城市发展程度较弱的 10 ～ 20 阈值范围的面积比例从 2000 年的 20% 增加到 2013 年的 23%。

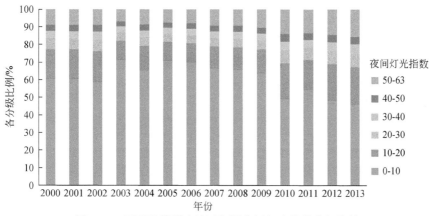

图 2-62　孟买及其周边地区年际夜间灯光指数分级统计

建成区内部的灯光指数已趋于饱和，建成区周边地区的灯光指数平均值和年平均增长率分别为20.96和0.47。综上表明，孟买在过去14年存在较为显著的城市扩张过程，尤其是东部是孟买城市扩展的热点方向。

（5）陆海地形

孟买及其周边50km缓冲区范围内的陆海地形特征如图2-63所示。建成区的平均高程为15.16m，建成区周边陆域的平均高程为74.33m，地形总体表现为城市附近较为低平，远离城市区域则逐渐抬高和趋于崎岖不平。周边海域的水深条件总体较好，尤其是港口周边海域水深大于10m。综上所述，孟买周边陆海地形对城市扩展并无明显的限制作用，对港口功能的提升和发展总体上也较为有利。

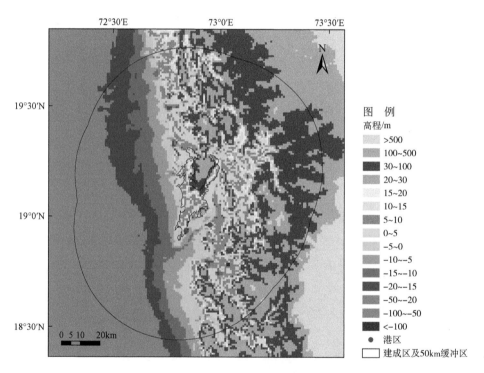

图 2-63　孟买及其周边地区陆海地形特征分布图

2.3.3　科伦坡港

（1）概况

科伦坡港位于科伦坡市。科伦坡市位于斯里兰卡岛的西南部、凯拉尼河口南岸，是斯里兰卡的首都和政治、经济、文化中心，也是斯里兰卡最大的城市。地处赤道附近，属热带气候，年平均气温高达28℃，年均降水量为2300mm。处于往来欧亚非航路的中途地带，地理交通位置十分重要，位于印度洋东西航运的要冲位置，素来享有"东方十字路口"的美誉，一直都是印度洋上的一个重要商港。

科伦坡港是斯里兰卡最著名的商港、北印度洋的重要航站（图 2-64），2013 年集装箱吞吐量达到 430 万 TEU。位于斯里兰卡的西南岸，东距新加坡 1580n mile（1n mile=1.852km），东南距弗里曼特尔港 3210n mile，东北距仰光港 1250n mile，距加尔各答港 1240n mile，西北至孟买港 889n mile，至霍尔木兹海峡 1784n mile，西至亚丁港 2090n mile，至曼德海峡 2188n mile。港内水域面积超过 2.40km²，大部分水域均浚深到 10m 以上。其对北印度洋过往船只及集装箱货物中转所起的作用日见重要。

图 2-64　科伦坡港区遥感影像图

（2）土地覆盖

科伦坡及其周边连续建成区 50km 缓冲区的土地覆盖遥感解译结果如图 2-65 所示。森林是最主要的土地覆盖类型，面积为 4768.18km²，所占比例为 74.94%；不透水层和农田的面积分别为 1001.04km² 和 431.26km²，所占比例分别为 15.73% 和 6.78%。连续建成区的面积为 204.85km²，其中，不透水层和植被覆盖的面积分别为 187.81km² 和 9.44km²，所占比例分别为 91.68% 和 4.61%。森林在建成区外围广泛分布，不透水层主要集中在港口和城市建成区，在建成区周围也有零散的团块状分布。农田主要分布在南部地区，在建成区外围的不透水层和森林之间呈带状分布，其他类型的土地覆盖分布面积相对较小。

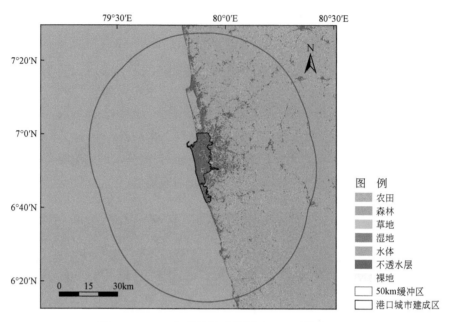

图 2-65　2015 年科伦坡及其周边土地覆盖类型图

（3）岸线

基于 2015 年的遥感影像进行分析，结果（图 2-66、图 2-67）表明，科伦坡城市建成区 50km 缓冲区内的海岸线长度为 286.10km，其中，自然岸线为 222.45km，人工岸线为

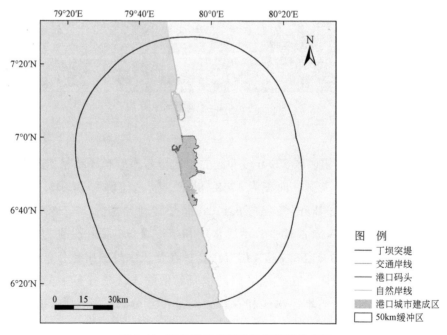

图 2-66　科伦坡及其周边地区岸线分布图

63.65km，分别占岸线总长度的 77.75% 和 22.25%。人工岸线主要包括丁坝突堤、港口码头和交通岸线，其中，港口码头岸线和交通岸线的长度分别为 20.98km 和 33.44km，分别占岸线总长度的 7.33% 和 11.69%。

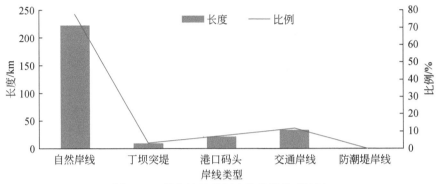

图 2-67　科伦坡及其周边海岸线类型统计

（4）夜间灯光

图 2-68 是 2000 年和 2013 年的夜间灯光分级分布图以及 2000～2013 年的变化斜率图，可以看出，高阈值范围的分布面积有较为明显的扩张，尤其是在科伦坡以北的地区增长迅速。图 2-69 是 2000～2013 年港口陆域区域内各分级面积比例的年际变化情况，其中，代表城市发展水平最高的 50～63 阈值范围的面积比例从 2000 年的 3.46% 增加到 2013 年的

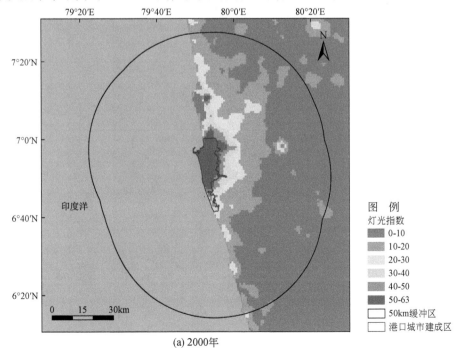

(a) 2000年

图 2-68　科伦坡及其周边地区夜间灯光指数分布及变化图

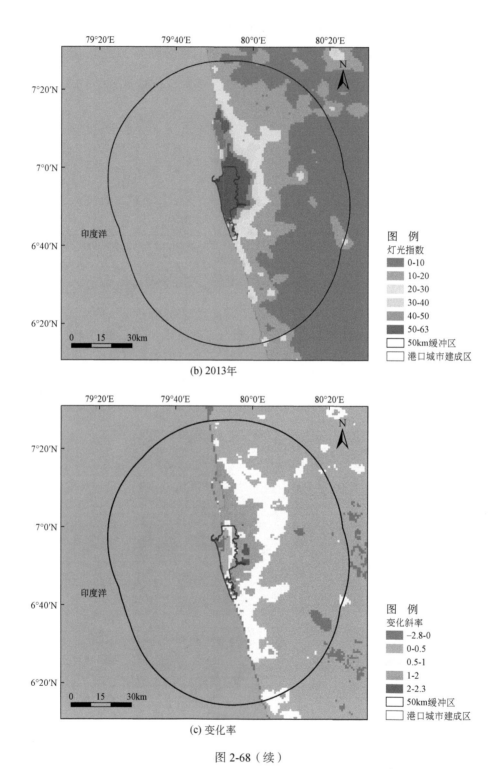

(b) 2013年

图　例
灯光指数
0-10
10-20
20-30
30-40
40-50
50-63
50km缓冲区
港口城市建成区

(c) 变化率

图　例
变化斜率
−2.8-0
0-0.5
0.5-1
1-2
2-2.3
50km缓冲区
港口城市建成区

图 2-68（续）

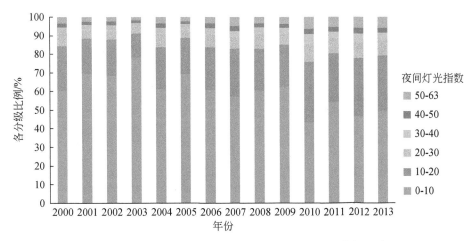

图 2-69　科伦坡及其周边地区年际夜间灯光指数分级统计

5.89%，城市发展水平较高的 40～50 阈值范围的面积比例在 14 年基本保持在 2% 左右，同时，代表城市发展程度最弱的 0～10 阈值范围的面积比例从 2000 年的 60.54% 降低到 2013 年的 49.71%，城市发展程度较弱的 10～20 阈值范围的面积比例从 2000 年的 23.91% 增加到 2013 年的 29.44%。建成区范围内的灯光指数已经趋于饱和，而建成区周边区域的灯光指数平均值和年平均增长率则分别为 14.94 和 0.46，均相对较低。综上表明，科伦坡在过去 14 年有较为显著的建成区扩张过程，未来时期城市仍将不断扩展，但发展速度较为缓慢。

（5）陆海地形

科伦坡及周边 50km 缓冲区范围内的陆海地形特征如图 2-70 所示。建成区的平均高程为 10.82m，建成区周边陆域的平均高程为 74.33m，地形总体表现为城市附近较为低平，远离城市区域则逐渐抬高和趋于崎岖不平，地形并非城市扩展的重要限制因素。科伦坡周边海域的水深条件相对不足，需要疏浚措施以便维持或提高港口的功能。

2.3.4　加尔各答港

（1）概况

加尔各答港位于加尔各答市。加尔各答是印度西孟加拉邦的首府，位于印度东部恒河三角洲地区，胡格利河的东岸，距孟加拉湾 130km。该市沿胡格利河河岸，呈南北向伸展。属于热带季风气候，东南季风从 6～9 月，给这座城市带来 50% 以上的年降水量。地处恒河三角洲水陆河海的转运点，城市背靠农业发达的恒河三角洲，经济腹地广阔。加尔各答是在港口基础上发展起来的贸易商业城市，其经济基础围绕港口贸易展开，经济活动随着贸易的扩大而发展，经济活动的发展和港口腹地的扩展又促进了港口商贸的繁荣。恒河三角洲是世界黄麻的最大种植地，加尔各答因而成为黄麻工业生产和贸易中心，黄麻加工业是其主干产业。加尔各答还有机械、棉纺、化学、造纸、食品、茶叶等工业，

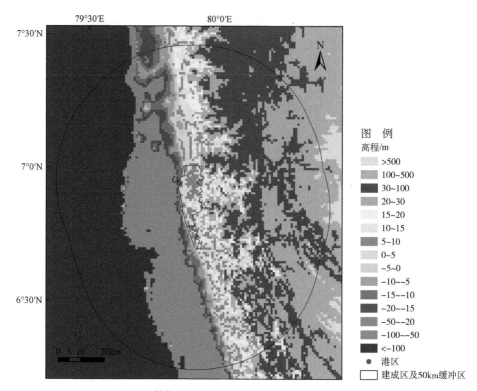

图 2-70　科伦坡及其周边地区陆海地形特征分布图

也是印度重要的金融中心；是印度东半部分最大的海陆空交通枢纽，万吨海轮沿胡格利河可上溯到市区，有方便的铁路与广大的腹地相联系，腹地范围扩及西孟加拉、比哈尔、阿萨姆等，也包括尼泊尔、不丹等内陆国。港口吞吐量占全国的 1/3，但港口属于河口海港，受到河流流量和淤沙量的影响与限制。加尔各答是南亚重要的国际航空站和印度重要的航空港之一，是亚非和中东地区的空中交通枢纽之一。

加尔各答港是印度东部最大的港口（图 2-71），集装箱年吞吐量超过 50 万 TEU。主要出口黄麻，因而有"黄麻港"之称。属半日潮港，平均潮高的大潮为 4.9m，小潮为 1.6m。港区最大水深 14m，码头最大可靠 8 万载重吨的船舶。主要出口货物有黄麻、煤、矿石、茶叶、废钢、皮张、棉花及糖等，进口货物主要有石油、盐、面粉、水泥、钢铁、谷物、橡胶、机械、化工品、木材及烟草等。港口距国际机场约 22km。

（2）土地覆盖

加尔各答及其周边连续建成区 50km 缓冲区的土地覆盖遥感解译结果如图 2-72 所示。城市及其周边农田广泛分布，面积为 11690.04km²，所占比例高达 60.12%；不透水层和水体的面积分别为 3532.32km² 和 3013.94km²，所占比例分别为 18.16% 和 15.50%；湿地面积为 825.91km²，占 4.25%。加尔各答区域的连续建成区面积为 960.56km²，以不透水层和植

图 2-71 加尔各答港区遥感影像图

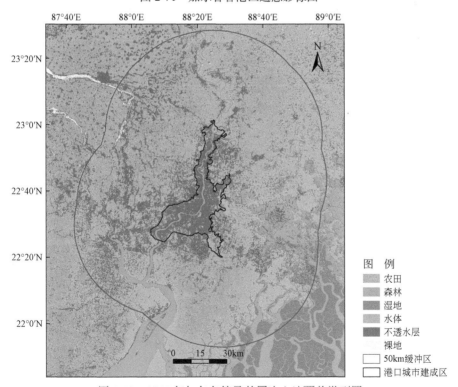

图 2-72 2015 年加尔各答及其周边土地覆盖类型图

被覆盖为主，分别为 611.03km² 和 273.28km²，占连续建成区面积的比例分别为 63.61% 和 28.45%。农田分布极为广泛，尤其是恒河三角洲区域；不透水层主要分布在加尔各答胡格利河两畔，水体则主要分布在东部的恒河三角洲，其他类型的土地覆盖分布面积相对较小。

（3）岸线

加尔各答位于印度东部恒河三角洲地区胡格利河（恒河的支流）东岸，是一个河口型港口，在50km缓冲区范围内，岸线主要是河道岸线。基于2015年的Landsat 8遥感影像进行分析，结果表明，岸线总长度约为381.90km，其中自然岸线为285.80km，人工岸线为96.10km，所占比例分别为74.84%和25.16%。人工岸线包括港口码头、交通岸线、防潮堤岸线，从图2-73和图2-74中可以看出，人工岸线主要是沿河的交通岸线和港口码头，长度分别为59.10km和34.50km，港口码头岸线主要分布在胡格利河右岸。因为是河口港，受河流流量和淤沙量的影响，为保证城市发展和腹地区域经济建设，在河口附近修建了哈尔迪亚港为加尔各答港辅助性转运分流。

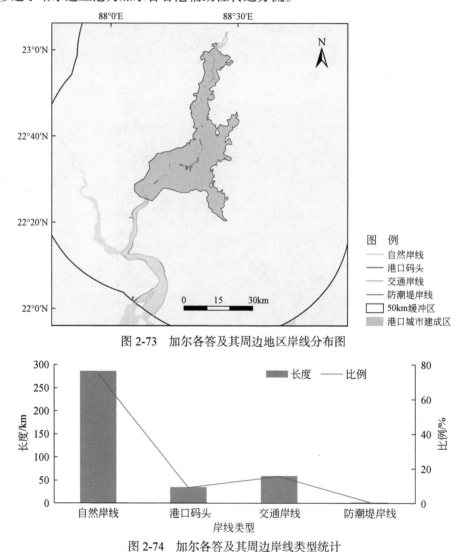

图 2-73　加尔各答及其周边地区岸线分布图

图 2-74　加尔各答及其周边岸线类型统计

（4）夜间灯光

图2-75是2000年和2013年的夜间灯光分级分布图以及2000～2013年的变化斜率图，

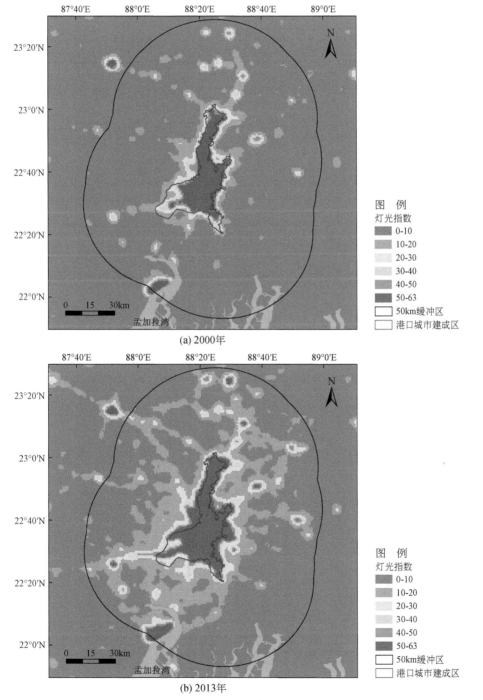

(a) 2000年

(b) 2013年

图 2-75　加尔各答及其周边地区夜间灯光指数分布及变化图

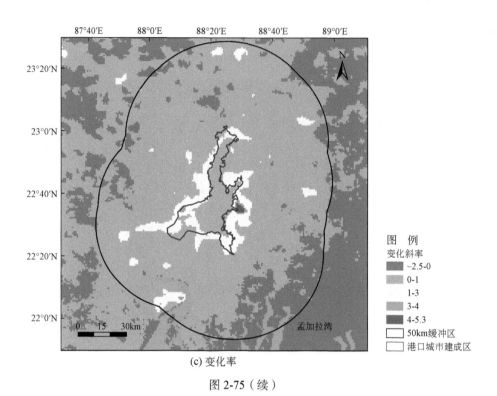

(c) 变化率

图 2-75（续）

可以看出，2000 ～ 2013 年加尔各答及周边地区的灯光指数变化不明显，但外部通过交通网络相连的几个城镇的扩张则非常显著。图 2-76 是 2000 ～ 2013 年港口陆域区域内各分级面积比例的年际变化情况，其中，代表城市发展水平最高的 50 ～ 63 阈值范围的面积比例从 2000 年的 4% 增加到 2013 年的 8%，城市发展水平较高的 40 ～ 50 阈值范围的面积比例 14 年基本保持在 2% 左右，同时，代表城市发展程度最弱的 0 ～ 10 阈值范围

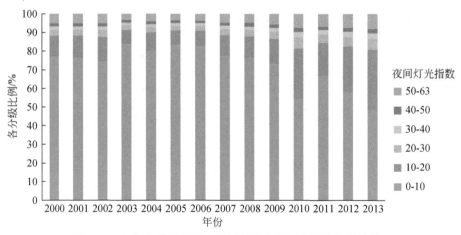

图 2-76　加尔各答及其周边地区年际夜间灯光指数分级统计

的面积比例从 2000 年的 77% 降低到 2013 年的 49%，城市发展程度较弱的 10 ～ 20 阈值范围的面积比例则从 2000 年的 11% 增加到 2013 年的 32%。城市连续建成区内部的灯光指数已经基本达到饱和，而建成区周边的灯光指数平均值和年平均增长率分别为 14.12 和 0.38，均相对较低，但某些区域的年平均增长率高达 1 以上。综上表明，加尔各答过去 14 年的城市化扩张较慢，但周边地区的城镇扩张则较为迅速，尤其是哈尔迪亚港区。

（5）陆海地形

加尔各答及其周边 50km 缓冲区范围内的陆海地形特征如图 2-77 所示。建成区的平均高程为 7.83m，建成区周边陆域的平均高程为 8.26m，整个加尔各答地区的地形比较平坦，地形不是未来时期城市扩张的限制因素。加尔各答是河流港口，虽然港区最大水深可达 14m，但其所在的胡格利河的水深普遍不足 10m，航道浅、水位不稳定，无法容纳大量高吨位的船只停泊和通航，这些因素将在一定程度上限制加尔各答港口的未来发展，但与此同时，哈尔迪亚新港区的发展将为加尔各答带来新的契机。

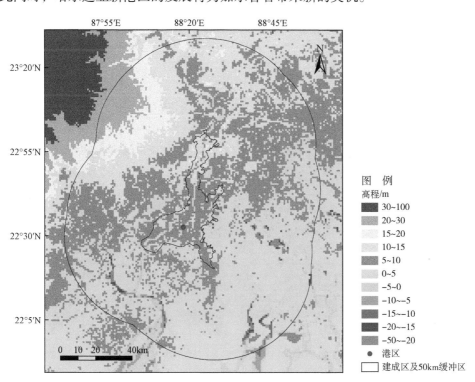

图 2-77　加尔各答及其周边地区陆海地形特征分布图

2.3.5　吉大港

（1）概况

吉大港（港口）位于吉大港（城市）。吉大港是孟加拉国最大的港口城市和第二大城市，位于孟加拉国东南部，距离首都达卡 37km，东部与印度和缅甸接壤，西边面向孟加拉湾，卡纳富利河从城市南部穿过。属于热带季风气候，年平均降雨量 2800mm，1 月平均气温 19℃，6 月平均气温 27.2℃，6～9 月湿热多雨，集中了全年 3/4 的降水。吉大港有铁路、公路直达达卡、库米拉、锡莱特等城市，又有空中航线通向达卡、加尔各答、仰光、缅甸等地。凭借着优越的区位优势，在印巴分离后，原经加尔各答的部分货物流向吉大港，吉大港的工业区和港口设施也随之逐渐发展和完善。主要的工业有麻纺、棉纺、皮革、造船、化肥、炼油、食品加工等。

吉大港是孟加拉国最大的海港（图 2-78），2013 年吞吐量为 154 万 TEU。平均潮高：高潮 4m，低潮 0.5m。港区最大水深约 10m。主要出口货物为黄麻、棉花、蛋品、纸张、豆饼及畜产品等，主要进口货物有谷物、煤、水泥、化肥、木材、糖、盐、油、车辆、机械等。设有出口加工区。港口距机场约 9km，有铁路可直达首都达卡。

图 2-78　吉大港港区高分 2 号（20160206）遥感影像

（2）土地覆盖

吉大港及其周边地区的土地覆盖遥感解译结果如图 2-79 所示：吉大港及其周边的连续建成区的面积为 131.10km²，其中，不透水层和植被覆盖分别为 60.80km² 和 67.77km²，占连续建成区总面积的比例分别为 46.38% 和 51.69%。农田和森林是主要的土地覆盖类型，面积分别为 558.10km² 和 506.17km²，所占比例分别为 31.31% 和 28.40%；

其次是草地和不透水层，面积分别为 365.97km² 和 273.84km²，所占比例分别为 20.53% 和 15.36%。森林主要分布在东部地区，呈条带状分布；农田主要分布在中部地区和戈尔诺普利河下游地区等，不透水层主要分布在戈尔诺普利河下游北岸，其他类型的土地覆盖面积相对较小。

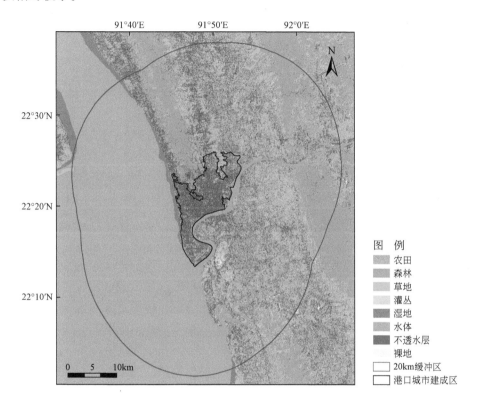

图 2-79　2015 年吉大港及其周边土地覆盖类型图

（3）岸线

基于 2015 年的 Landsat 8 遥感影像进行分析，结果表明，吉大港及其周边 20km 缓冲区内的海岸线总长度约为 114.40km，多为淤泥质岸线，其中，自然岸线长度为 69.70km，人工岸线长度为 44.70km，所占比例分别为 60.93% 和 39.07%。人工岸线包括丁坝突堤、港口码头、交通岸线、防潮堤岸线，从图 2-80 和图 2-81 中可以看出，人工岸线主要是港口码头，长度为 22.70km，主要分布在沿卡纳富利河口附近，而且大部分在河流凹岸；丁坝突堤、防潮堤等类型的岸线总体较少。

（4）夜间灯光

图 2-82 是 2000 年和 2013 年的夜间灯光分级分布图以及 2000～2013 年的变化斜率图，可以看出 2000～2013 年吉大港及其周边地区灯光指数的变化较为显著，尤其是

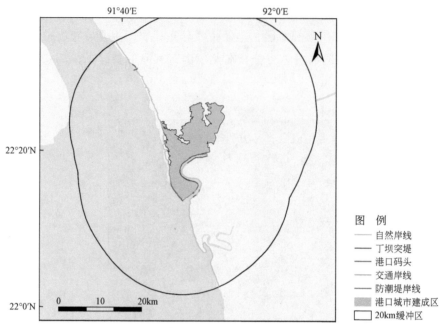

图 2-80　吉大港及其周边地区岸线分布图

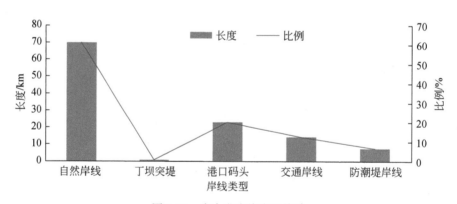

图 2-81　吉大港岸线类型统计

北部的沿海区域发展尤为迅速。图 2-83 表示 2000 ～ 2013 年港口陆域区域内各分级面积比例的年际变化情况，其中，代表城市发展水平最高的 50 ～ 63 阈值范围的面积比例从 2000 年的 6% 增加到 2013 年的 11%，城市发展水平较高的 40 ～ 50 阈值范围的面积比例在 14 年基本保持在 3%，同时，代表城市发展程度最弱的 0-10 阈值范围的面积比例从 2000 年的 70% 降低到 2013 年的 57%，城市发展程度较弱的 10 ～ 20 阈值范围的面积比例从 2000 年的 13% 增加到 2013 年的 18%。建成区范围内的灯光指数已经趋于饱和，而建成区周边区域的灯光指数平均值及其年平均增长率分别为 13.71 和 0.12，均相对较低，这表明，除了北部沿海之外，吉大港及其周边地区在过去 14 年的城市扩张速度较为缓慢，未来时期港口城市建成区的扩张趋势仅在局部区域有所延续。

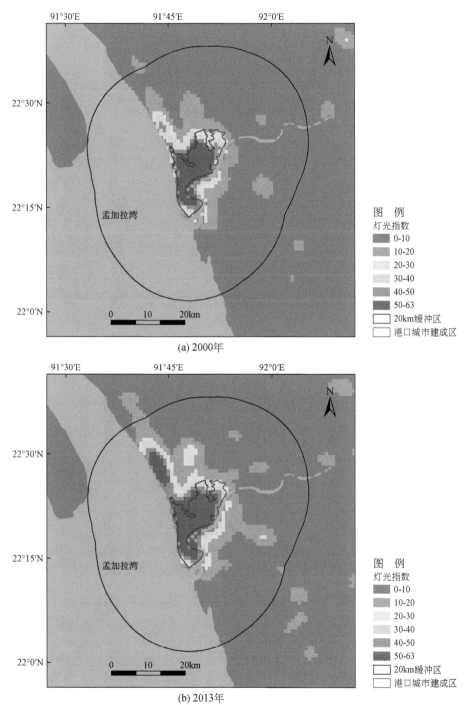

图 2-82　吉大港及其周边地区夜间灯光指数分布及变化图

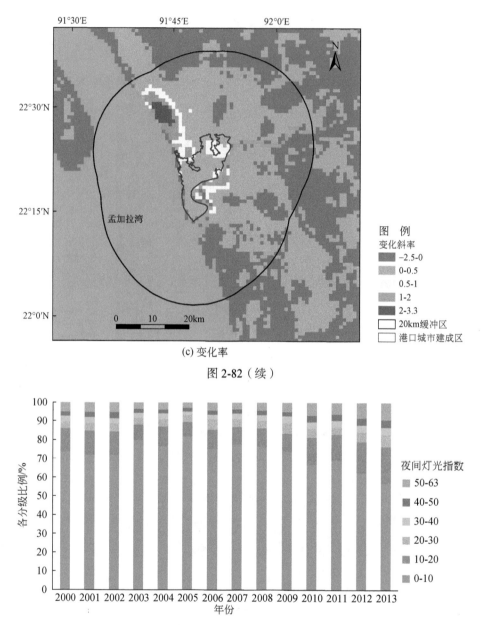

(c) 变化率

图 2-82（续）

图 2-83　吉大港及其周边地区年际夜间灯光指数分级统计

（5）陆海地形

吉大港及其周边 50km 缓冲区范围内的陆海地形特征如图 2-84 所示。建成区的平均高程为 9.24m，建成区周边陆域的平均高程为 16.95m，地形相对比较平坦，地形并非未来时期城市扩张的限制因素；吉大港周边海域的水深普遍不足 10m，这在一定程度上将会限制吉大港港口的进一步发展。

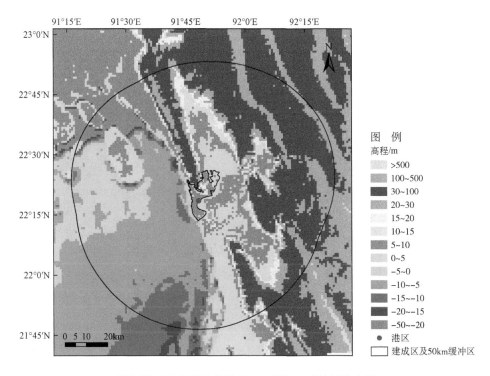

图 2-84　吉大港及其周边地区陆海地形特征分布图

2.4　西　　亚

2.4.1　吉达港

（1）概况

吉达港位于吉达市。吉达市是沙特阿拉伯第二大城市、第一大港、重要的金融中心。东距麦加约 70km，是麦加区唯一允许非穆斯林居住的城市，也是政府外交部及各国使馆驻地。位于北回归线附近，红海东海岸中段，属热带沙漠气候，气候炎热，但降雨稀少。市区面积 560km²，人口 300 多万。历史上其重要意义在于是宗教圣地麦加的门户，随着苏伊士运河的开凿通航，以及因沙特阿拉伯石油收入增加将工业投资重心转移到西海岸，吉达才逐渐发展成了现代化城市。工业有石油化工、炼钢、化肥、制革、造船、印刷等。

吉达港是沙特阿拉伯最大的集装箱港口（图 2-85），2013 年集装箱吞吐量为 456 万 TEU，是圣地麦加的海上出入门户，为贸易中转港。平均潮高 0.6m，低潮 0.4m，港区最大水深 14m。主要出口石油、皮张及杂货，进口货物主要有水泥、食品、车辆及工业产品等。港口距吉达机场约 35km，该机场是世界最大的国际机场之一，每天有定期航班飞往世界各地。

图 2-85　吉达港区高分 2 号（20160212）遥感影像图

（2）土地覆盖

吉达连续建成区及其周边 50km 缓冲区的土地覆盖遥感解译结果如图 2-86 所示。连续建成区的面积为 879.65km²，以不透水层和植被覆盖为主，面积分别为 660.25km² 和 42.38km²，所占比例分别为 75.06% 和 4.82%。在 50km 缓冲区范围内，裸地和不透水层是主要的土地覆盖类型，面积分别为 8266.15km² 和 1176.40km²，所占比例分别为 82.96% 和 11.81%。农田和森林的面积分别为 123.00km² 和 161.14km²，所占比例分别为 1.23% 和 1.62%。不透水层主要分布在吉达港区及其周围，在其他地区也有零散地分布，农田主要在建成区的东部与东南地区，分布较为零散，裸地覆盖了除农田、不透水层之外的绝大部分地区，其他类型的土地覆盖分布面积相对较小。

（3）岸线

基于 2015 年的 Landsat 8 遥感影像进行分析，结果（图 2-87、图 2-88）表明，吉达港口城市建成区周围 50km 缓冲区内的海岸线总体较为平直，岸线总长度约为 471.11km，其中，自然岸线长度约为 393.08km，占 83.44%，人工岸线总长度为 78.03km，所占比例为 16.56%，主要包括丁坝突堤、港口码头、交通岸线，其中，港口码头岸线的长度最大，为 40.60km，所占比例为 8.62%，其次是交通岸线，长度为 25.89km，占 5.50%，主要分布在港区周边。其他类型的人工岸线长度相对较小。

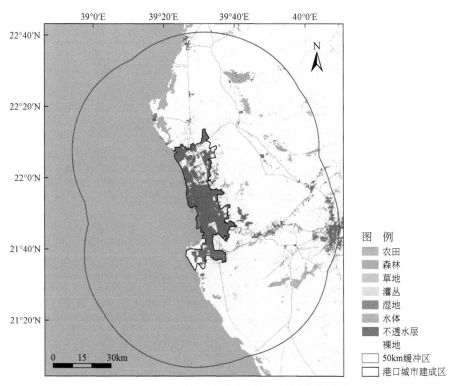

图 2-86 2015 年吉达及其周边土地覆盖类型图

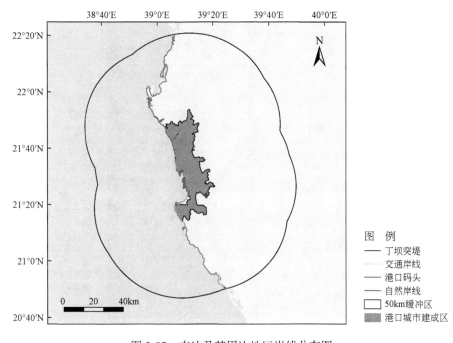

图 2-87 吉达及其周边地区岸线分布图

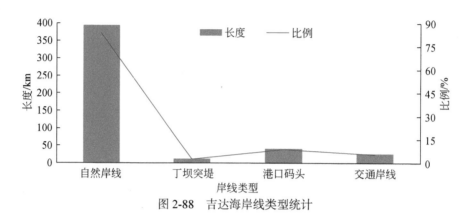

图 2-88　吉达海岸线类型统计

（4）夜间灯光

图2-89是2000年和2013年的夜间灯光分级分布图以及2000～2013年的变化斜率图，可以看出，高阈值范围区域的扩张较为明显，尤其是在北、东北和东南方向。图 2-90 是2000～2013 年港口陆域区域内各分级面积比例的年际变化情况，其中，代表城市发展水平最高的 50～63 阈值范围的面积比例从 2000 年的 13% 增加到 2013 年的 27%，城市发展水平较高的 40～50 阈值范围的面积比例从 2000 年的 3% 增加到 2013 年的 6%，同时，代表城市发展水平最弱的 0～10 阈值范围的面积比例从 2000 年的 59% 降低到 2013年的 33%，城市发展水平较弱的 10～20 阈值范围的面积比例从 2000 年的 14% 增加到

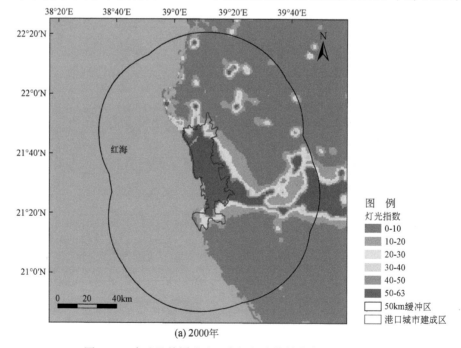

(a) 2000年

图 2-89　吉达及其周边地区夜间灯光指数分布及变化图

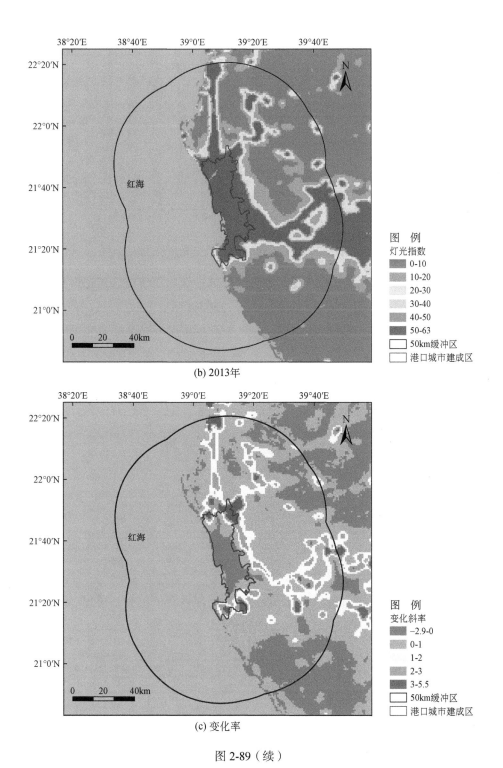

(b) 2013年

(c) 变化率

图 2-89（续）

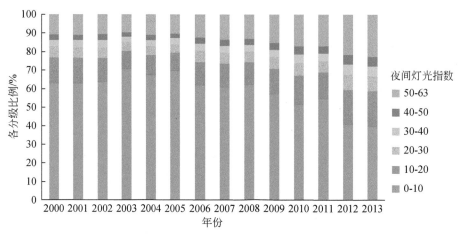

图 2-90 吉达及其周边地区年际夜间灯光指数分级统计

2013 年的 20%。建成区范围内的灯光指数已经总体饱和，而建成区周边的灯光指数平均值为 25.24，相对较低，但年平均增长率为 1.15，相对较高，这也表明，吉达及其周边地区在 14 年有较为明显的建成区扩张过程，未来时期城市发展在某些方向仍将比较显著。

（5）陆海地形

吉达及其周边 50km 缓冲区范围内的陆海地形特征如图 2-91 所示。建成区的平均高

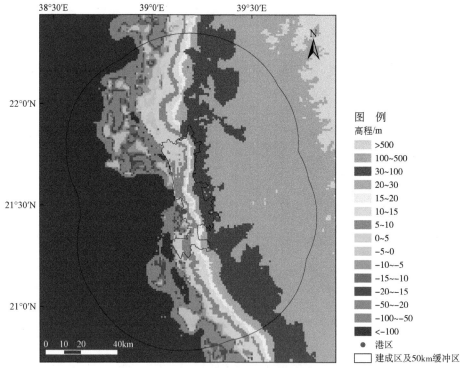

图 2-91 吉达及其周边地区陆海地形特征分布图

程为 21.04m，建成区周边陆域的平均高程为 128.87m，地形高程的起伏较为剧烈，未来时期城市扩张将会受到地形的明显约束；周边海域的水深条件比较好，有助于港口和城市的建设与发展。

2.4.2　多哈港

（1）概况

多哈港位于多哈市。多哈市位于波斯湾中部卡塔尔半岛的东侧，是卡塔尔王国的首都、第一大城市，也是波斯湾沿岸的著名港口，国际化大都市，政治、经济、文化、交通中心。属热带沙漠气候，夏季（5～10 月）炎热干燥多风，冬季较为凉爽舒适，年平均气温 18～30℃，最高曾达 45℃。城市面积 132km²，人口约 100 万。多哈曾是一个默默无闻的小渔港，以捕鱼、采珠为主，随着石油、天然气资源的发现和开采而迅速发展为一座现代化新城，现已建有海水淡化厂、塑料制品厂、钢铁厂、电站与国际机场。

多哈港是卡塔尔最大的港口（图 2-92），2012 年吞吐量为 37.68 万 TEU。港区最大水深 9.1m。平均潮高：高潮为 1.5m，低潮为 0.4m。19 世纪 70 年代建成了深水港并逐渐发展成为现代化港口，主要进口货物为粮食、建筑材料及木材等，出口货物以石油为主。港口距机场约 6km，有定期航班飞往欧、亚各地。

图 2-92　多哈港区遥感影像图

（2）土地覆盖

多哈连续建成区及其周边 50km 缓冲区土地覆盖的遥感解译结果如图 2-93 所示。裸地是主要的土地覆盖类型，面积为 6958.05km²，占 89.44%，其他土地覆盖类型的面积相对较小，不透水层、农田、森林和灌丛的面积分别为412.66km²、116.24km²、113.12km²和110.32km²，所占比例分别为5.30%、1.49%、1.45%和1.42%。连续建成区的面积为378.14km²，以不透水层和城市植被覆盖为主，面积分别为281.68km²和26.98km²，占连续建成区面积的比例分别为74.49%和7.13%。裸地覆盖了多哈及其周边地区的大部分区域，不透水层主要分布在多哈港区及其周围，灌丛和农田呈小范围集中但整体较分散的分布特征，其他的土地覆盖类型面积相对较小。

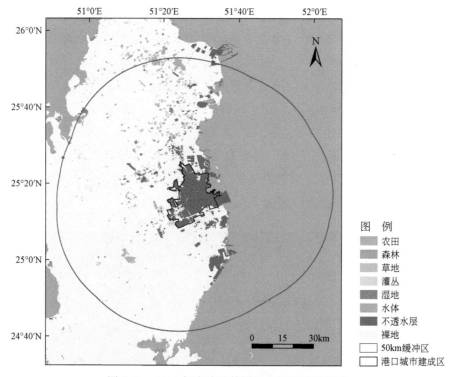

图 2-93　2015 年多哈及其周边土地覆盖类型图

（3）岸线

基于 2015 年的 Landsat 8 遥感影像进行分析，结果（图 2-94、图 2-95）表明，多哈港口城市建成区 50km 缓冲区范围内的海岸线较为曲折，总长度约为 418.85km，其中，自然岸线长度约为 221.20km，占 52.81%；人工岸线长度为 197.65km，占 47.19%，包括丁坝突堤、港口码头、交通岸线和围垦中岸线，其中，港口码头岸线的长度最大，为96.76km，占 23.10%，主要分布在卡塔尔东海岸的中部，濒临波斯湾西南侧的多哈港口以及南部的梅萨伊德港口；其次是丁坝突堤，长度为 68.28km，占 16.30%，主要分布在北部地区；围垦中岸线和交通岸线的长度相对较小，占岸线总长度的比例较低，围垦中岸线主要分布在港区的北部地区，交通岸线主要分布在港区周围。

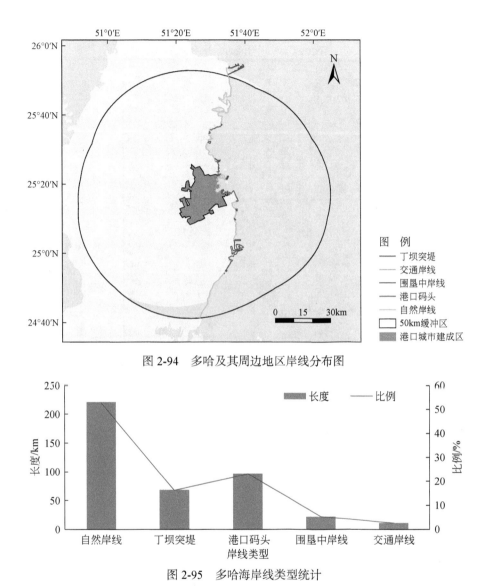

图 2-94　多哈及其周边地区岸线分布图

图 2-95　多哈海岸线类型统计

（4）夜间灯光

图 2-96 是 2000 年和 2013 年的夜间灯光分级分布图以及 2000 ~ 2013 年的变化斜率图，可以看出，高阈值范围的分布面积在港口城市建成区周围有非常明显的扩张过程，主要是沿着海岸线向北、向南以及沿着交通干线向西迅速扩展。图 2-97 表示的是 2000 ~ 2013 年港口陆域区域内各分级面积比例的年际变化情况，其中，代表城市发展水平最高的 50 ~ 63 阈值范围的面积比例从 2000 年的 11% 增加到 2013 年的 27%，城市发展水平较高的 40 ~ 50 阈值范围的面积比例从 2000 年的 3% 增加到 2013 年的 7%，同时，代表城市发展程度最弱的 0 ~ 10 阈值范围的面积比例从 2000 年的 55% 降低到 2013

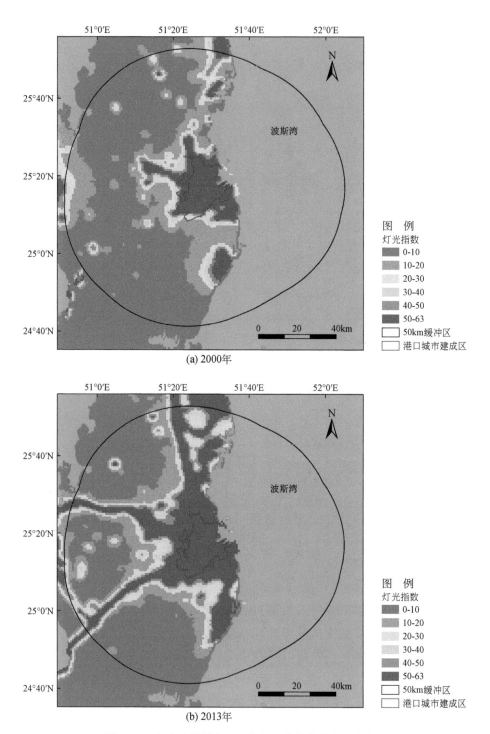

图 2-96　多哈及其周边地区夜间灯光指数分布及变化图

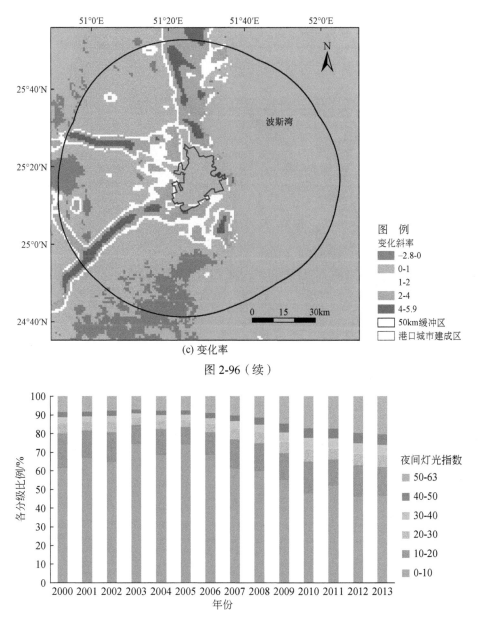

(c) 变化率

图 2-96（续）

图 2-97　多哈及其周边地区年际夜间灯光指数分级统计

的 16%。建成区范围内的灯光指数已经达到饱和，而建成区周边区域的灯光指数平均值为 26.28，相对较低，但年平均增长率为 1.07，相对较高。综上所述，多哈在过去 14 年具有非常明显的建成区扩张过程，未来时期的城市扩张态势仍将较为显著。

（5）陆海地形

多哈及其周边 50km 缓冲区范围内的陆海地形特征如图 2-98 所示。建成区的平均高程为 19.61m，建成区周边陆域的平均高程为 29.42m，地形相对比较平坦，未来城市扩张面临的地形阻力并不明显；周边海域的水深条件相对较差，海域水深普遍不足 10m，对港口功能提升及未来发展具有一定的制约作用。

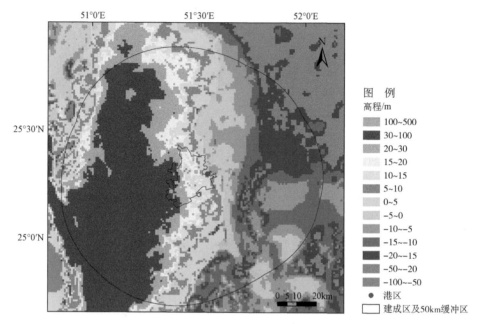

图 2-98　多哈及其周边地区陆海地形特征分布图

2.4.3　阿巴斯港

（1）概况

阿巴斯港是伊朗南部港口城市，霍尔木兹甘省的省会。位于霍尔木兹湾的北岸，扼波斯湾出口，外有格什姆岛与霍尔木兹岛作为屏障形成良港。年平均气温 23 ～ 32℃，气候夏季炎热潮湿，冬季气候宜人。港口在两伊战争期间因为远离战场而逐渐繁荣，现城西另建新港并修筑有铁路。主要进口工业制成品，出口地毯、石油产品和农产品。

阿巴斯港是伊朗南部的主要港口（图 2-99），是海峡港、天然良港，2013 年吞吐量为 176 万 TEU。平均潮高：高潮 3.3m，低潮 0.7m。最大水深为 12m。主要出口铬矿砂、防锈漆、大理石、地毯干果及杏仁等，主要进口货物有茶叶、糖、棉织品、谷物、火柴、化肥、毛织品及建筑机械等。港口距机场约 15km，有定期国际航班。

（2）土地覆盖

阿巴斯港连续建成区及其周边 50km 缓冲区土地覆盖遥感解译结果如图 2-100 所示。裸地是主要的土地覆盖类型，面积为 6315.46km²，占 71.96%；灌丛和农田面积分别为 880.39km² 和 654.39km²，分别占 10.03% 和 7.46%，不透水层面积仅为 205.25km²，占总

图 2-99　阿巴斯港区高分 2 号（20160223）遥感影像图

面积比例仅为 2.34%。连续建成区的面积为 119.01km²，以不透水层和植被覆盖为主，面积分别为 104.79km² 和 7.42km²，占连续建成区面积的比例分别为 88.05% 和 6.24%。不透水层主要分布在阿巴斯港区及周围毗邻地区，灌丛和农田呈小范围集中但宏观格局较分散的分布特征。其他的土地覆盖类型面积相对较小。

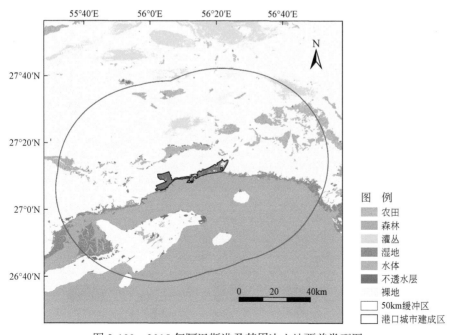

图 2-100　2015 年阿巴斯港及其周边土地覆盖类型图

（3）岸线

基于 2015 年的 Landsat 8 遥感影像进行分析，结果（图 2-101、图 2-102）表明，阿巴斯港口城市建成区 50km 缓冲区内的海岸线总体呈东西向分布，岸线长度约为 341.84km，其中，自然岸线长度为 250.46km，人工岸线长度为 91.38km，所占比例分别为 73.27% 和 26.73%。自然岸线在港区的东西两侧大范围分布，人工岸线包括丁坝突堤、港口码头、交通岸线和围垦中岸线，以港口码头和丁坝突堤岸线为主，长度分别为 36.01km 和 24.61km，分别占 10.53% 和 7.20%，主要分布在阿巴斯港旧港以及南部沿海霍尔木兹海峡北侧的新港；交通岸线的长度为 28.87km，占岸线总长度比例的 8.45%；围垦中岸线的长度较小，占岸线总长度的比例较低。

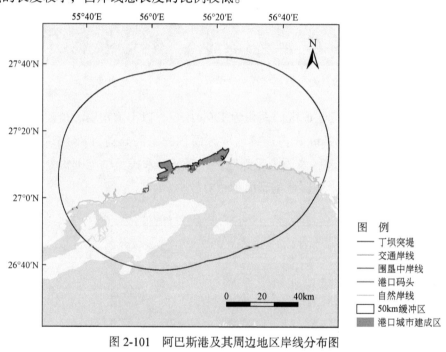

图 2-101　阿巴斯港及其周边地区岸线分布图

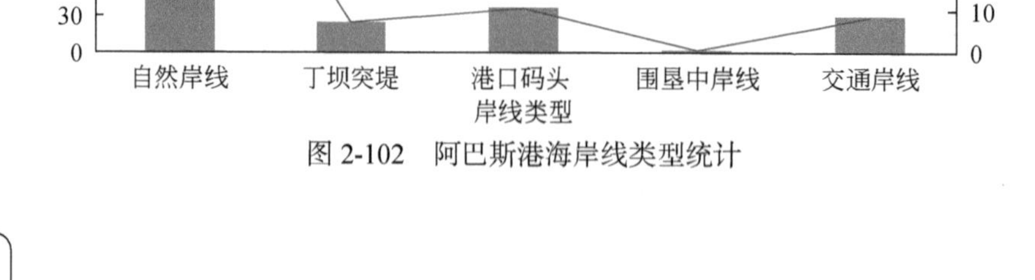

图 2-102　阿巴斯港海岸线类型统计

（4）夜间灯光

图 2-103 是 2000 年和 2013 年的夜间灯光分级分布图以及 2000～2013 年的变化斜

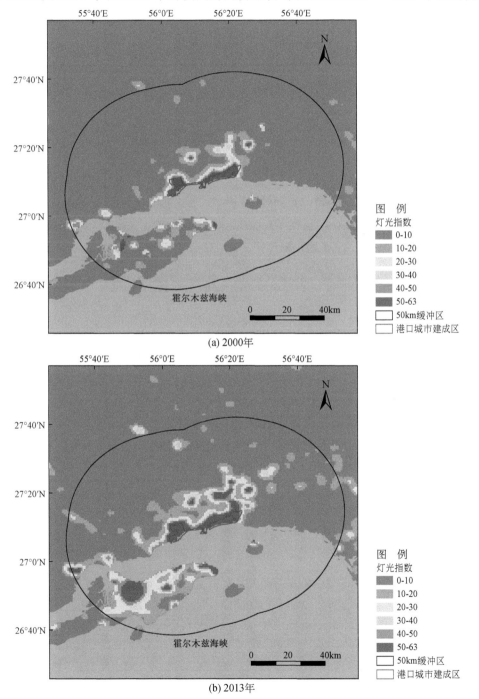

(a) 2000年

(b) 2013年

图 2-103　阿巴斯港及其周边地区夜间灯光指数分布及变化图

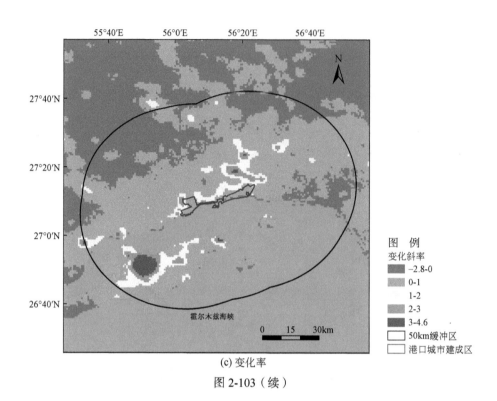

(c) 变化率

图 2-103（续）

率图，可以看出，高阈值范围的分布面积在港口城市建成区周围有较为明显的扩张，尤其是东北方向舒尔河河口和西南方向格什姆岛区域的扩张态势非常显著。图 2-104 是 2000～2013 年陆地区域内各分级面积比例的年际变化情况，其中，代表城市发展水平最高的 50～63 阈值范围的面积比例从 2000 年的 4% 增加到 2013 年的 6%，城市发展水平较高的 40～50 阈值范围的面积比例从 2000 年的 2% 增加到 2013 年的 3%，同时，代表城市

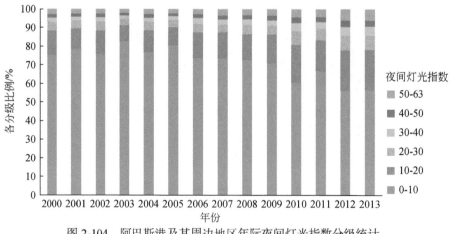

图 2-104　阿巴斯港及其周边地区年际夜间灯光指数分级统计

发展程度最弱的 0 ～ 10 阈值范围的面积比例从 2000 年的 75% 降低到 2013 年的 63%，城市发展程度较弱的 10 ～ 20 阈值范围的面积比例从 2000 年的 12% 增加到 2013 年的 18%。建成区内部灯光指数已经达到饱和，而建成区周边区域的灯光指数平均值及其年平均增长率分别为 15.31 和 0.41，均相对较低。综上表明，阿巴斯港及其周边地区在过去 14 年有较为显著的建成区扩张，未来时期建成区的扩张趋势也将较为显著。

（5）陆海地形

阿巴斯港及其周边 50km 缓冲区范围内的陆海地形特征如图 2-105 所示。建成区的平均高程为 18.18m，建成区周边陆域的平均高程为 230.86m，地形高程起伏剧烈，较为崎岖，因此，地形将是未来时期城市在某些方向上扩张和增长的明显阻力；周边海域的水深条件相对较好，港区周边区域水深超过 10m 的水域较为广泛，有利于港口功能的提升和港口的进一步发展。

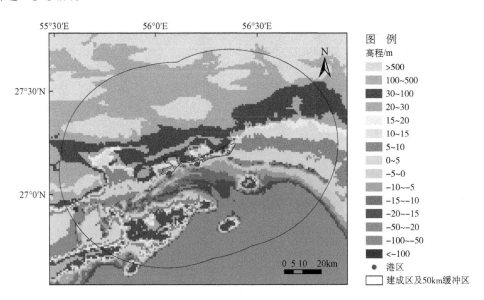

图 2-105　阿巴斯港及其周边地区陆海地形特征分布图

2.4.4　迪拜港

（1）概况

迪拜港位于迪拜市。迪拜是阿拉伯联合酋长国中迪拜酋长国的首都，位于阿拉伯半岛中部、波斯湾东南岸，是海湾地区中心。城市位于出入波斯湾霍尔木兹海峡内湾的咽喉地带。与南亚次大陆隔海相望，与卡塔尔为邻、与沙特阿拉伯交界、与阿曼毗邻。气候湿热少雨，唯独冬季较为凉爽。面积约 4000km²，常住人口约 262 万人。是现代化的国际大都市，阿拉伯联合酋长国人口最多的城市，中东最富裕的城市，中东地区的经济和金融中心，被称为中东北非地区的"贸易之都"。迪拜拥有海湾地区第二大深水港（拉希德港）和繁忙的国际机场。迪拜港是往来波斯湾的商船的必经之路，适宜于各酋长国的腹地发展转口贸易。港口促进了商贸，商贸又促进金融业发展，石油、商业、金融业、旅游业和高科技产业均较为发达。

迪拜港是阿联酋最大的港口（图 2-106），也是世界五大集装箱港之一，2013 年吞吐量为 1364 万 TEU，是中东地区最大的自由贸易港，转口贸易非常发达。平均潮高：高潮为 2m，低潮为 0.8m。最大水深 13.5m。主要出口货物有石油、天然气、铝锭、石油化工产品及土特产等，进口货物主要有粮食、机械及消费品。

图 2-106 迪拜港区高分 2 号（20151107）遥感影像图

（2）土地覆盖

迪拜连续建成区及其周边 50km 缓冲区的土地覆盖遥感解译结果如图 2-107 所示。裸地是主要的土地覆盖类型，面积为 8908.45km²，占 80.96%；不透水层面积为 963.44km²，占 8.76%。农田和灌丛的面积分别为 438.67km² 和 436.48km²，所占比例分别为 3.99% 和 3.97%。连续建成区的面积为 696.22km²，其中，不透水层和城市植被覆盖的面积分别为 671.59km² 和 18.62km²，分别占连续建成区的 96.46% 和 2.67%。裸地覆盖了大部分区域，不透水层主要在连续建成区集中分布以及在人工岛小范围分布，灌丛和农田呈小范围集中但宏观格局较分散的分布特征，其他类型的土地覆盖分布面积相对较小。

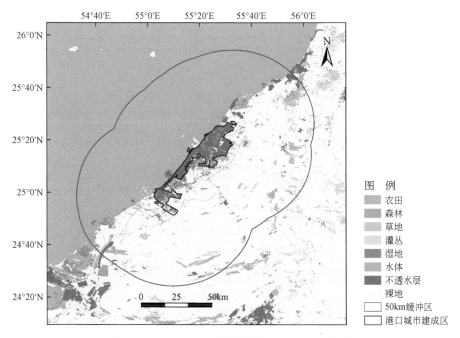

图 2-107　2015 年迪拜及其周边土地覆盖类型图

（3）岸线

基于 2015 年的 Landsat 8 遥感影像进行分析，结果（图 2-108、图 2-109）表明，迪拜港口城市建成区 50km 缓冲区内的海岸线总体较为曲折，总长度约为 903.24km，其中，自然岸线长度为 573.95km，人工岸线长度为 329.29km，所占比例分别为 63.54% 和 36.46%。自然岸线主要分布在建成区两端；人工岸线包括丁坝突堤、港口码头和交通岸线，丁坝突堤的长度为 173.08km，港口码头的长度为 98.82km，所占比例分别为 19.16% 和 10.94%；丁坝突堤主要分布在港区周围和人工岛上，港口码头主要分布在阿联酋东北沿海，濒临波斯湾南侧的拉希德港与新建的米纳杰贝勒阿里港，交通岸线长度相对较小，主要分布在港区周围。

（4）夜间灯光

图 2-110 是 2000 年和 2013 年的夜间灯光分级分布图以及 2000 ～ 2013 年的变化斜率图，可以看出，高阈值范围的分布面积在港口城市建成区周围有非常明显的增长，主要是沿海岸线向西南、东北方向扩展，以及沿交通网络向内陆方向扩展。图 2-111 是 2000 ～ 2013 年港口陆域区域内各分级面积比例的年际变化情况，其中，代表城市发展水平最高的 50 ～ 63 阈值范围的面积比例从 2000 年的 15% 增加到 2013 年的 34%，城市

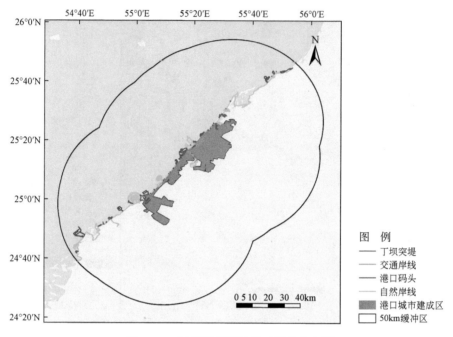

图 2-108　迪拜及其周边地区岸线分布图

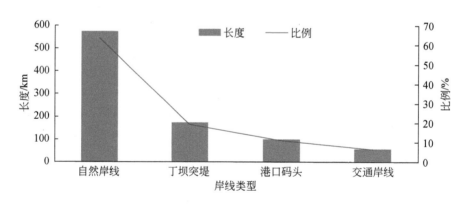

图 2-109　迪拜及其周边海岸线类型统计

发展水平较高的 40 ～ 50 阈值范围的面积比例从 2000 年的 7% 增加到 2013 年的 9%，同时，代表城市发展水平最弱的 0 ～ 10 阈值范围的面积比例从 2000 年的 50% 降低到 2013 年的 24%，城市发展水平较弱的 10 ～ 20 阈值范围的面积比例从 2000 年的 15% 降低到 2013 年的 13%。建成区内部的灯光指数已经达到饱和，而建成区周边的灯光指数平均值为 32.41，相对较低，但年平均增长率为 1.16，相对较高。综上表明，迪拜在过去 14 年具有非常明显的建成区扩张态势，未来时期的城市扩张速度仍将较为显著。

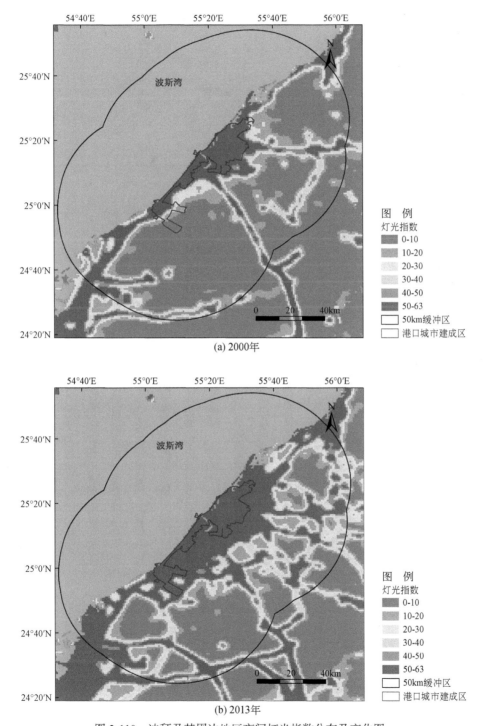

(a) 2000年

(b) 2013年

图 2-110　迪拜及其周边地区夜间灯光指数分布及变化图

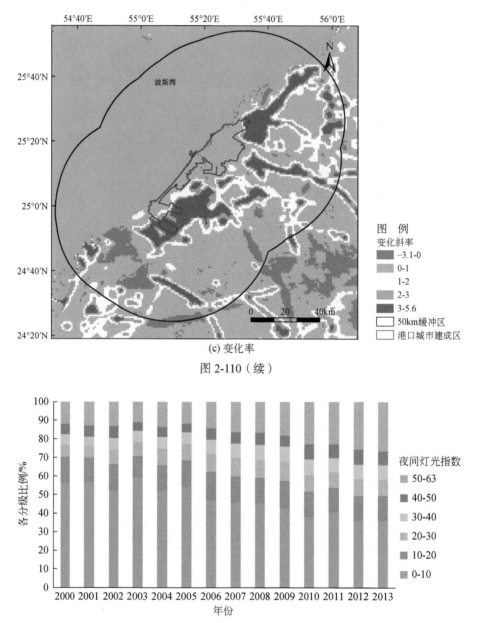

(c) 变化率

图 2-110（续）

图 2-111　迪拜及其周边地区年际夜间灯光指数分级统计

（5）陆海地形

迪拜及其周边 50km 缓冲区范围内的陆海地形特征如图 2-112 所示。建成区的平均高程为 12.00m，建成区周边陆域的平均高程为 97.32m，地形高程起伏较为剧烈，对未来时期的城市扩张具有一定的限制作用；周边海域的水深条件相对较好，港口周边海域的海水深度普遍大于 10m，有利于港口功能的提升和港口的进一步发展。

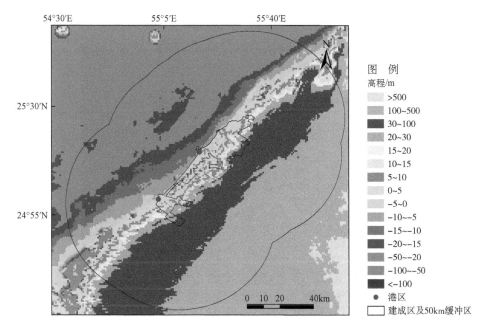

图 2-112　迪拜及其周边地区陆海地形特征分布图

2.5　非洲与地中海

2.5.1　苏丹港

（1）概况

苏丹港位于苏丹东北沿海的中部，濒临红海西侧，是红海州首府、全国重要的产盐基地。属热带沙漠气候，年平均气温约 29℃，最高达 40 ～ 50℃，每年 5 ～ 7 月常有来自于沙漠的大风暴，全年平均降水量达 400mm。全国有 90% 以上的进出口货物经此运往世界各地。主要工业有炼油、电力、汽车、船舶修理及农木产品加工等，并拥有大型炼油厂。有铁路、航空和输油管通往首都喀土穆。

苏丹港是苏丹唯一的对外贸易港口（图 2-113），2013 年吞吐量为 53.84 万 TEU。港口水位高低相差仅 0.6m，港区最大水深 12m，无潮差。主要出口花生、皮张、棉花、油饼、瓜子、棉籽、牛、羊及石油制品等，进口货物主要有粮食、原油、棉制品、铁器、茶、麻、面粉、糖及杂货等。距离国际机场约 5.5km，每天有定期航班飞往开罗及首都喀土穆。

（2）土地覆盖

苏丹港连续建成区及周边 50km 缓冲区的土地覆盖遥感解译结果如图 2-114 所示。裸地是主要的土地覆盖类型，面积为 5967.06km²，占 95.69%；不透水层的面积为 136.55km²，占 2.19%。连续建成区的面积为 121.94km²，其中，不透水层为 106.34km²，植被覆盖为 6.06km², 分别占连续建成区的 87.21%、4.97%。

图 2-113　苏丹港区高分 2 号（20150922）遥感影像图

（3）岸线

基于 2015 年的遥感影像进行分析，结果（图 2-115、图 2-116）表明，苏丹港口城市建成区周边 50km 缓冲区内的海岸线长度为 233.87km，其中，自然岸线的长度为 190.84km，人工岸线的长度为 43.03km，所占比例分别为 81.60% 和 18.40%；人工岸线包括丁坝突堤、港口码头和围垦中岸线，其中港口码头岸线的长度为 25.22km，占 10.78%，主要分布在苏丹港口以及周围，其他类型的人工岸线的长度较小。

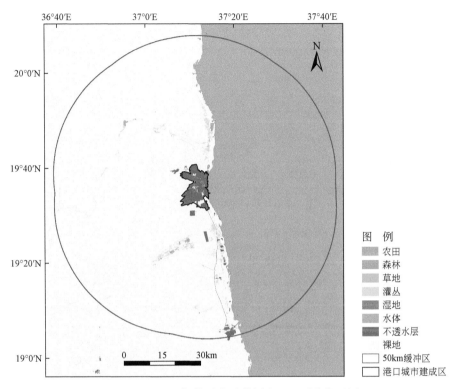

图 2-114　2015 年苏丹港及其周边土地覆盖类型图

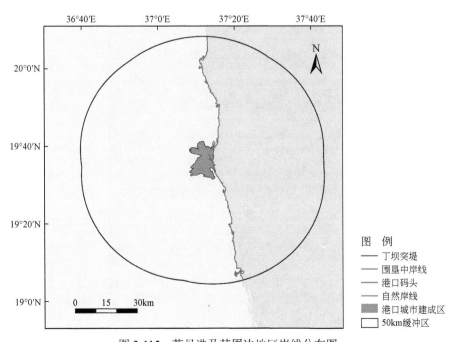

图 2-115　苏丹港及其周边地区岸线分布图

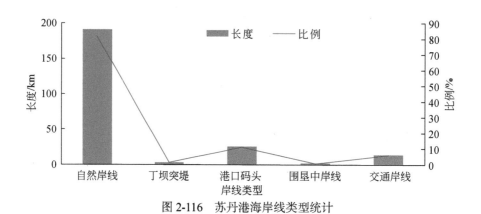

图 2-116 苏丹港海岸线类型统计

（4）夜间灯光

图 2-117 是 2000 年和 2013 年的夜间灯光分级分布图以及 2000 ~ 2013 年的变化斜率图，可以看出，高阈值范围的分布面积在城市建成区内部及其周边有一定的扩张趋势，但幅度和速度有限。图 2-118 是 2000 ~ 2013 年港口陆域区域内各分级面积比例的年际变化情况，其中，代表城市发展水平最高的 50 ~ 63 阈值范围的面积比例从 2000 年的 2% 增加到 2013 年的 9%，城市发展水平较高的 40 ~ 50 阈值范围的面积比例从 2000 年的 3% 增加到 2013 年的 4%，同时，代表城市发展程度最弱的 0 ~ 10 阈值范围的面积比例从 2000 年的 75% 降低到 2013 年的 58%，城市发展程度较弱的 10 ~ 20 阈值范围的面积比

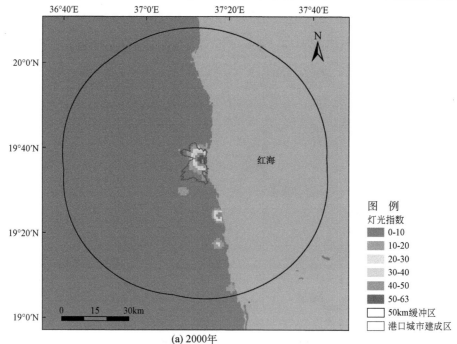

(a) 2000年

图 2-117 苏丹港及其周边地区夜间灯光指数分布及变化图

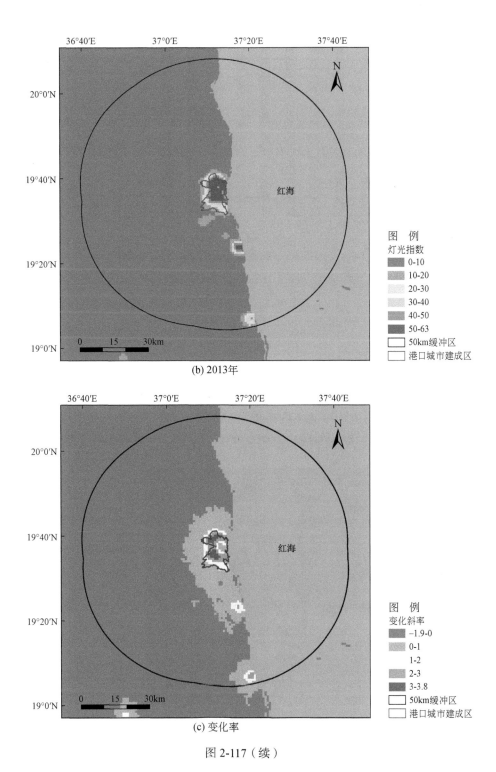

(b) 2013年

(c) 变化率

图 2-117（续）

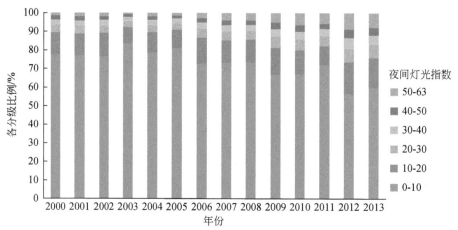

图 2-118 苏丹港及其周边地区年际夜间灯光指数分级统计

例从 2000 年的 13% 增加到 2013 年的 16%。建成区内部的灯光指数平均值为 45.48，灯光指数年平均增长率高达 2.18；而建成区周边区域的灯光年平均值为 11.26，年平均增长率仅为 0.05。综上表明，苏丹港在过去 14 年的城市化进程较为缓慢，未来时期城市发展总体上仍处于建成区内部优化为主而空间扩展为辅的阶段。

（5）陆海地形

苏丹港及周边 50km 缓冲区范围内的陆海地形特征如图 2-119 所示。建成区的平均高程为 18.75m，建成区周边陆域的平均高程为 336.79m，地形高程起伏剧烈，构成未来时期城市扩张的限制因子；周边海域的水深条件相对较好，有利于港口的发展。

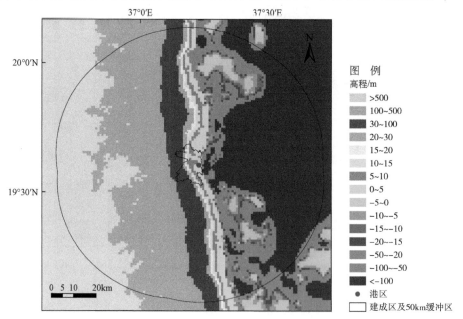

图 2-119 苏丹港及其周边地区陆海地形特征分布图

2.5.2　吉布提港

（1）概况

吉布提共和国，是非洲大陆东部的一个小国，濒临曼德海峡和亚丁湾，地处欧、亚、非三大洲的交通要冲，扼印度洋出入红海进而连通苏伊士运河的咽喉之地。该国首都吉布提市位于亚丁湾内的塔朱拉湾南岸，是吉布提共和国最大的城市，同时也是该国最大的港口，是整个东非最大的港口之一，战略位置十分重要。

吉布提港位于吉布提共和国东南沿海塔朱拉湾的南岸入口处，濒临亚丁湾的西南侧海岸（图 2-120），2013 年吞吐量为 73 万 TEU。港口主要码头泊位有 11 个，最大水深为 12m；港口始建于 1896 年，是埃塞俄比亚的重要转运港，主要出口货物为皮张、咖啡、食盐及牲畜等，进口货物主要有纺织品、粮食、钢铁、水泥、机械设备、电器产品及运输材料等。主要贸易对象为法国，分别占吉布提出口额和进口额的 50% 和 30% 左右。

图 2-120　吉布提港区高分 2 号（20160102）遥感影像图

（2）土地覆盖

吉布提市及其周边 10km 缓冲区的土地覆盖遥感解译结果如图 2-121 所示。草地是主要的土地覆盖类型，面积为 160.56km²，占 70.31%；不透水层的面积为 38.05km²，占 16.66%；灌丛的面积为 17.74km²，占 7.77%。连续建成区的面积为 21.29km²，其中，不透水层和植被覆盖的面积分别为 15.67km² 和 4.93km²。草地在吉布提港口城市建成区外围大量分布，灌丛主要分布在港口城市建成区的东南部，其他类型的土地覆盖分布面积相对较小。

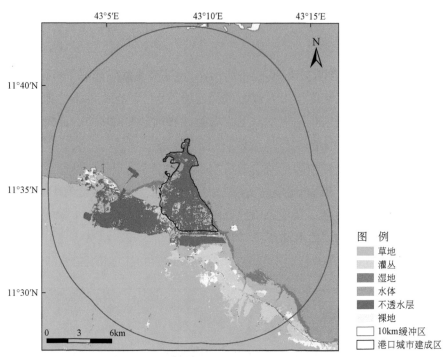

图 2-121   2015 年吉布提及其周边土地覆盖类型图

（3）岸线

基于 2015 年的遥感影像进行分析，结果（图 2-122、图 2-123）表明，吉布提港

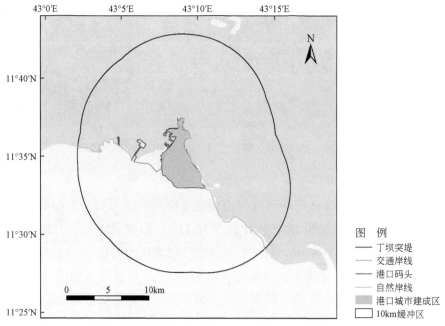

图 2-122   吉布提及其周边地区岸线分布图

口城市建成区周围 10km 缓冲区内的海岸线长度为 63.07km，其中，自然岸线的长度为 33.75km，人工岸线的长度为 29.32km，所占比例分别为 53.51% 和 46.49%。自然岸线主要分布在吉布提港口城市建成区的南部与吉布提港的北部地区；人工岸线包括丁坝突堤、港口码头和交通岸线，其中，港口码头和交通岸线的长度分别为 17.43km 和 8.43km，所占比例分别为 27.64% 和 13.37%。港口码头主要集中在吉布提港区，而交通岸线则是在港口码头之间分布，丁坝突堤岸线的长度很小，占总长度的比例较低。

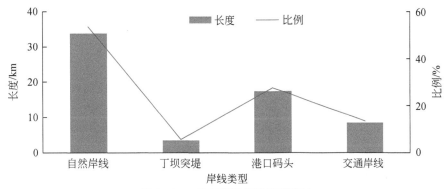

图 2-123　吉布提海岸线类型统计

（1）夜间灯光

图 2-124 是 2000 年和 2013 年的夜间灯光分级分布图以及 2000 ~ 2013 年的变化斜

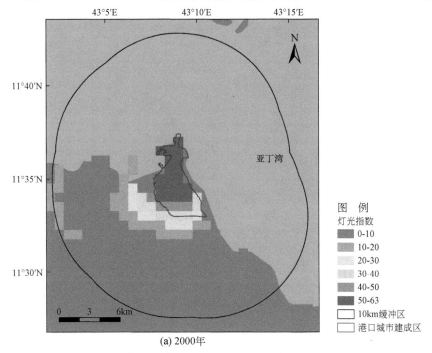

(a) 2000年

图 2-124　吉布提及其周边地区夜间灯光指数分布及变化图

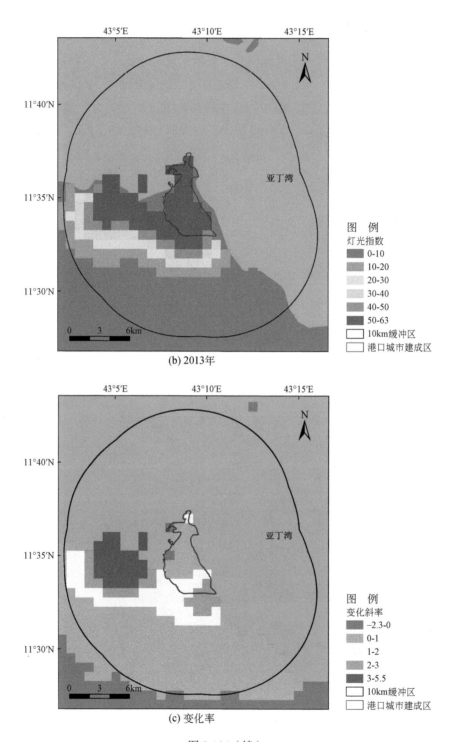

(b) 2013年

图　例
灯光指数
- 0-10
- 10-20
- 20-30
- 30-40
- 40-50
- 50-63
- 10km缓冲区
- 港口城市建成区

图　例
变化斜率
- −2.3-0
- 0-1
- 1-2
- 2-3
- 3-5.5
- 10km缓冲区
- 港口城市建成区

(c) 变化率

图 2-124（续）

率图，可以看出，高阈值范围的分布面积在城市建成区周围有非常明显的增长，尤其是向西和向南两个方向。图 2-125 表示的是 2000 ～ 2013 年港口陆域区域内各分级面积比例的年际变化情况，其中，代表城市发展水平最高的 50 ～ 63 阈值范围的面积比例从 2000 年的 7.10% 增加到 2013 年的 17.77%，城市发展水平较高的 40 ～ 50 阈值范围的面积比例在 14 年基本保持在 4% 左右，同时，代表城市发展程度最弱的 0 ～ 10 阈值范围的面积比例从 2000 年的 68.54% 降低到 2013 年的 52.17%，城市发展程度较弱的 10 ～ 20 阈值范围的面积比例在 14 年基本保持在 12% 左右。建成区内部灯光指数已经饱和，而建成区周边的灯光指数平均值及其年平均增长率分别为 23.41 和 0.56，均相对较低。综上表明，吉布提在过去 14 年有明显的建成区扩张过程，未来时期仍将沿着热点方向有较为显著的发展。

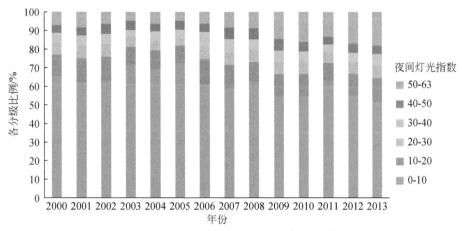

图 2-125　吉布提及其周边地区年际夜间灯光指数分级统计

（5）陆海地形

吉布提及其周边 50km 缓冲区范围内的陆海地形特征如图 2-126 所示。建成区的平均高程为 4.88m，建成区周边陆域的平均高程为 48.81m，地形相对比较平坦，对未来时期城市扩张的限制作用不显著；周边海域的水深条件较好，有利于港口功能的提升和港口的进一步发展。

2.5.3　亚历山大港

（1）概况

亚历山大港位于亚历山大市。亚历山大市是埃及仅次于开罗的第二大城市，是埃及最大的海港、重要的海上门户、著名的旅游胜地，也是一座古老的都城。亚历山大位于尼罗河口以西一条狭长地带上，西北临地中海，东南靠迈尔尤特湖，距首都开罗约 200km。受地中海影响，亚历山大气候宜人，最冷月 1 月平均气温 18℃；最热月 8 月平

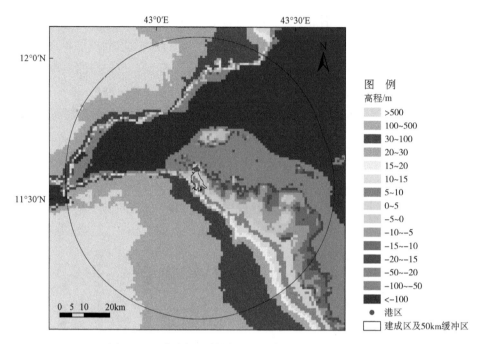

图 2-126 吉布提及其周边地区陆海地形特征分布图

均气温 31℃，年平均降水量约 190mm，降水集中于冬季，地中海吹来的海风使该地空气湿润，夏季也无酷热。亚历山大三面环水，城市分布在尼罗河口西部东西延伸的狭长地带上，海滩连绵，有众多名胜古迹，是世界著名的旅游胜地。以尼罗河三角洲平原为广阔的腹地，工农业发达，有纺织、食品、造船、化肥、炼油等工业，是埃及的经济中心。水路交通便利，海上航运尤为突出，自古就是埃及对外联系的海上门户、苏伊士航线必经之地，并通过尼罗河三角洲河网与开罗、达曼胡尔、曼苏拉等城市相连；陆上交通则有铁路通往开罗、苏伊士、伊斯梅里亚等。

亚历山大港是埃及最大的港口（图 2-127），2013 年集装箱吞吐量为 150.81 万 TEU。港区最大水深为 10.6m，码头最大可靠 4 万载重吨的船舶。港口分东西两港，东港水较浅，主要为渔港和海上游览区，西港为深水良港，为商港和军港。全国 80% ～ 90% 的外贸物资经此港中转。主要出口棉花、矿石、水果、糖浆、盐、纺织品、粮谷、轮船、棉纱、黏土及农产品等，进口货物主要有钢铁、汽车、茶叶、咖啡、木材、机械、烟草及工业品等。港口毗邻的国际机场有定期航班飞往世界各地。

（2）土地覆盖

亚历山大及周边连续建成区的 50km 缓冲区的土地覆盖遥感解译结果如图 2-128 所示。绝大部分地区被农田和裸地所占据，面积分别为 5231.99km² 和 1452.95km²，所占比例分别为 65.72% 和 18.25%；不透水层的面积为 629.60km²，占 7.91%，湿地和水体

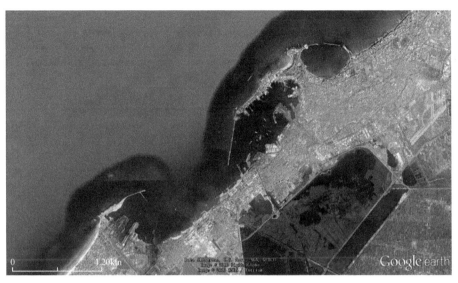

图 2-127　亚历山大港区遥感影像图

的面积分别为 260.29km² 和 358.35km²，分别占 3.27% 和 4.50%。农田大范围分布，部分裸地分布在西南地区，不透水层主要集中在连续建成区，呈东西方向的条带状分布。连续建成区的面积为 332.44km²，其中，不透水层和植被覆盖的面积分别为 162.82km² 和 89.15km²，占连续建成区的比例分别为 48.98% 和 26.82%，建成区内也有大量的水体分布。

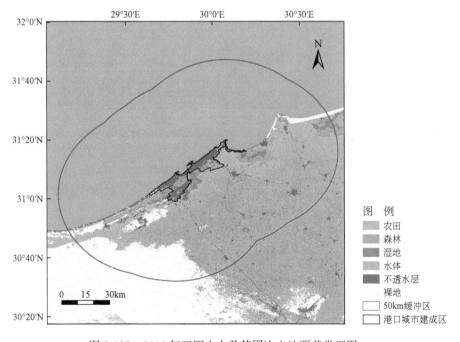

图 2-128　2015 年亚历山大及其周边土地覆盖类型图

（3）岸线

亚历山大及其周边的岸线较为平滑，多为砂质岸线。基于 2015 年的 Landsat 8 遥感影像进行分析，结果（图 2-129、图 2-130）表明，亚历山大及其周边的海岸线总长度约为 256.55km，其中，自然岸线长度为 141.61km，人工岸线长度为 114.94km，分别占 55.20% 和 44.80%。人工岸线包括丁坝突堤、港口码头、交通岸线、防潮堤岸线，但主要是港口码头岸线，长度为 63.44km，占 24.73%，集中在法洛斯岛附近；而丁坝突堤、交通岸线和防潮堤岸线则相对较少，分别为 17.56km、17.97km 和 15.97km，所占比例分别为 6.84%、7.00% 和 6.22%。

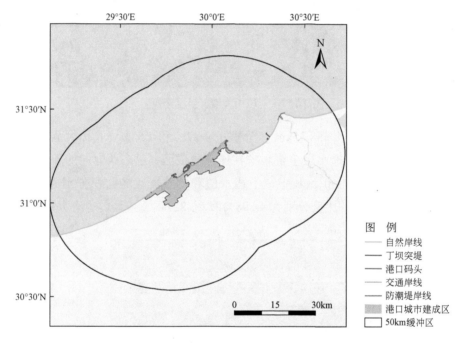

图 2-129　亚历山大及其周边地区岸线分布图

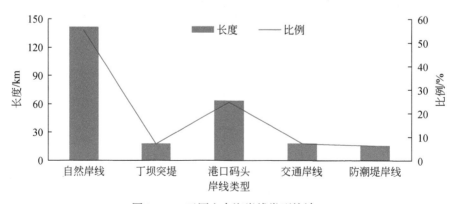

图 2-130　亚历山大海岸线类型统计

（4）夜间灯光

图 2-131 是 2000 年和 2013 年的夜间灯光分级分布图以及 2000 ～ 2013 年的变化斜率图，可以看出，高阈值范围的分布面积主要是向东部和东南部快速扩张。

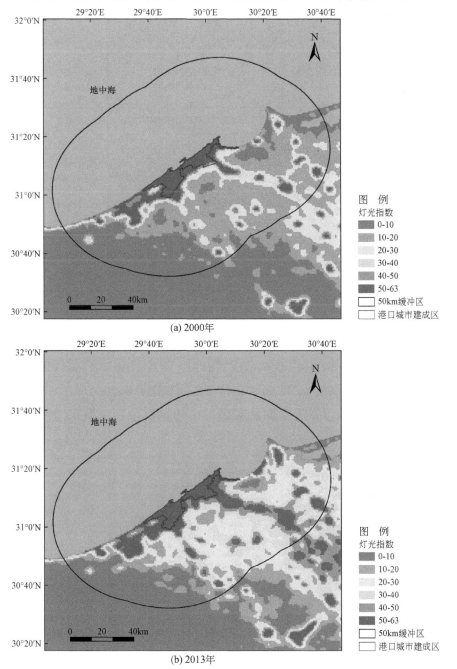

图 2-131　亚历山大及其周边地区夜间灯光指数分布及变化图

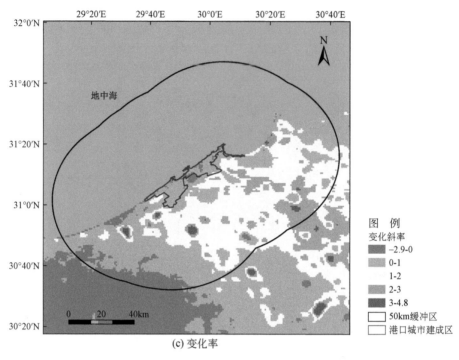

(c) 变化率

图 2-131（续）

　　图 2-132 是 2000 ～ 2013 年港口陆域区域内各分级面积比例的年际变化情况，其中，代表城市发展水平最高的 50 ～ 63 阈值范围的面积比例从 2000 年的 11% 增加到 2013 年的 18%，城市发展水平较高的 40 ～ 50 阈值范围的面积比例从 2000 年的 5% 增加到 2013 年的 11%，同时，代表城市发展程度最弱的 0 ～ 10 阈值范围的面积比例从 2000 年的

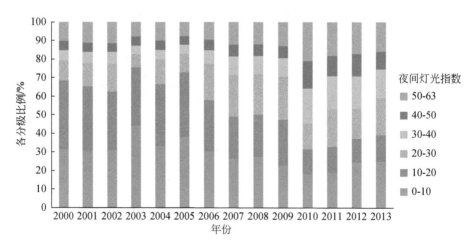

图 2-132　亚历山大及周边地区年际夜间灯光指数分级统计

23% 降低到 2013 年的 15%，城市发展程度较弱的 10 ～ 20 阈值范围的面积比例从 2000
年的 43% 降低到 2013 年的 15%。建成区内部的灯光指数已经达到饱和，而建成区周边
区域的灯光指数平均值为 29.76，相对较低，但年平均增长率为 1.06，相对较高。综上表
明，亚历山大及周边地区在过去 14 年有较为显著的建成区扩张，未来时期城市将继续沿
着热点方向以较快速度扩张。

（5）陆海地形

亚历山大及其周边 50km 缓冲区范围内的陆海地形特征如图 2-133 所示。建成区的平
均高程为 5.66m，建成区周边陆域的平均高程为 19.91m，地形相对比较平坦，未来时期
城市扩张基本不会受到地形因素的限制；周边海域的水深条件较好，有利于港口功能的
发挥和港口的进一步发展。

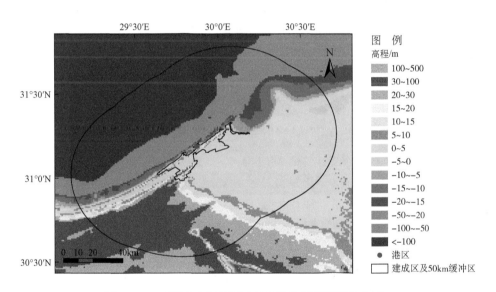

图 2-133　亚历山大及其周边地区陆海地形特征分布图

2.5.4　伊斯坦布尔港

（1）概况

伊斯坦布尔港位于伊斯坦布尔市。伊斯坦布尔是土耳其最大的城市和港口，是全国
的经济、贸易、金融、新闻、文化、交通中心，是世界著名的旅游胜地、国际大都市之一。
是世界上唯一地跨亚欧大洲的大城市，位于土耳其西北部马尔马拉地区，博斯普鲁斯海
峡两岸，包括巴尔干半岛的东南端和亚洲部分的于斯屈达尔部分。城市面积 5343 km²，
人口 1437 万，人口密度超过 2700 人 /km²。属典型的地中海式气候，夏季炎热干燥，冬
季温和多雨。伊斯坦布尔一直是土耳其经济活动的中心，地处国际陆上和海上贸易路线

的交界位置，控制了从地中海经马尔马拉海去黑海的通道，工业大多数集中在城市外围地区、金角湾和马尔马拉海沿岸，主要为纺织、面粉加工、烟草、水泥和玻璃、船舶修理等，凭借着悠久的历史和美丽的自然风光，旅游业也成为主要的经济收入。伊斯坦布尔是古"丝绸之路"要站，巴格达铁路的终点，扼守着黑海的咽喉，地跨亚欧大陆，既是连接欧亚地区的桥梁，又能充当欧亚之间的屏障，战略地位十分重要，自古以来都是政治、宗教、文化冲突的交界地。

伊斯坦布尔港是土耳其最大的海港（图2-134），2013年集装箱吞吐量为337万

(a) 欧洲部分(高分2号20150708)

(b) 亚洲部分(Google Earth)

图 2-134　伊斯坦布尔港区遥感影像图

TEU，是海峡港。港口潮汐变化甚小，港区最大水深 12m。主要出口羊毛、棉花、干木、烟叶、丝、水果、皮张及地毯等，进口货物主要有煤、铁、铅、铜锡、木材、牛油及工业品等。距机场有 20km，每天有定期航班飞往世界各地。

（2）土地覆盖

伊斯坦布尔及周边连续建成区 50km 缓冲区的土地覆盖遥感解译结果如图 2-135 所示。农田、森林和不透水层是主要的土地覆盖类型，面积分别为 1794.71km² 、2086.30km² 和 1172.40km² ，所占比例分别为 31.40%、36.51% 和 20.51%。水体面积为 135.63km² ，占 2.37%。农田主要分布在伊斯坦布尔的西部和北部地区，森林主要分布在北部和东部，在博斯普鲁斯海峡东部半岛的北部也有大量的森林分布；不透水层主要分布在连续建成区，在博斯普鲁斯海峡东部半岛临近马尔马拉海的亚洲地带也有集中连片的分布；其他类型的土地覆盖分布面积相对较小。连续建成区（欧洲部分）面积为 484.91km² ，其中，不透水层和植被覆盖分别为 365.21km² 和 97.19km² ，分别占 75.32% 和 20.04%。

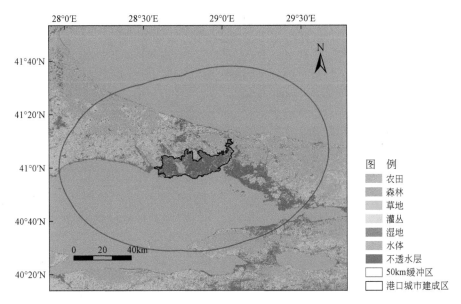

图 2-135　2015 年伊斯坦布尔及其周边土地覆盖类型图

（3）岸线

伊斯坦布尔是土耳其最大的海港，是海峡港。基于 2015 年的遥感影像进行分析，结果（图 2-136、图 2-137）表明，港口城市建成区周围 50km 缓冲区内的海岸线长度约为 501.92km，其中，自然岸线的长度为 318.38km，人工岸线的长度为 183.54km，分别占 63.43% 和 36.57%。自然岸线主要分布在博斯普鲁斯海峡西岸巴尔干半岛的南北两侧的沿海地带。人工岸线包括丁坝突堤、港口码头、围垦中岸线、交通岸线和防潮堤岸线，其中，港口码头岸线的长度为 94.03km，占 18.73%，主要分布在欧洲部分的昆波特港与亚洲的海达帕萨港，交通岸线和防潮堤岸线的长度相近，分别为 38.86km 和 38.92km，所占比例分别为 7.74% 和 7.75%。交通岸线主要集中在博斯普鲁斯海峡东岸半岛的西侧沿海地带。

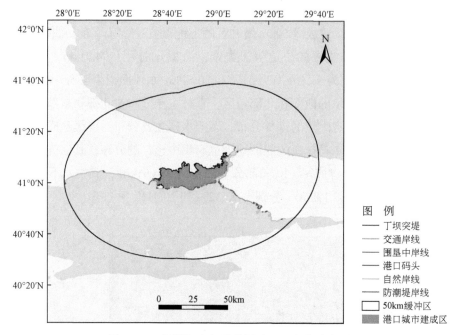

图 2-136　伊斯坦布尔及其周边地区岸线分布图

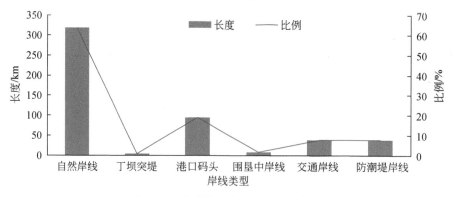

图 2-137　伊斯坦布尔海岸线类型统计

（4）夜间灯光

图 2-138 是 2000 年和 2013 年的夜间灯光分级分布图以及 2000～2013 年的变化斜率图，可以看出，高阈值范围的分布面积在城市建成区周边有较为显著的扩张过程，主要是沿着马尔马拉海的海岸向西、向东扩展，以及向北部的半岛陆域方向扩展。图 2-139

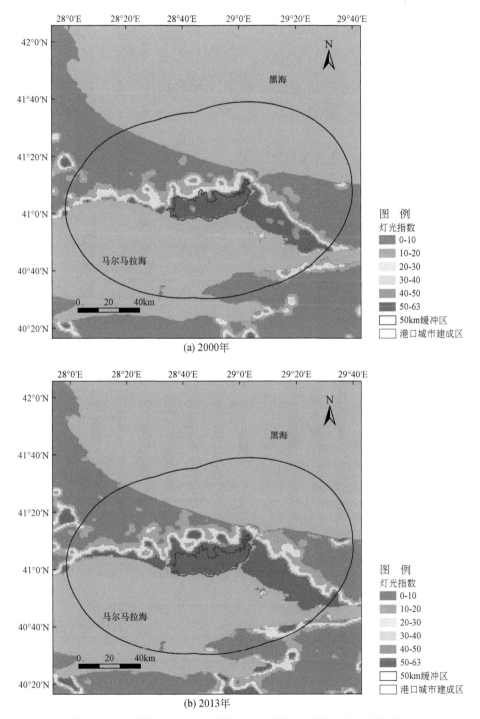

(a) 2000年

(b) 2013年

图 2-138　伊斯坦布尔及其周边地区夜间灯光指数分布及变化图

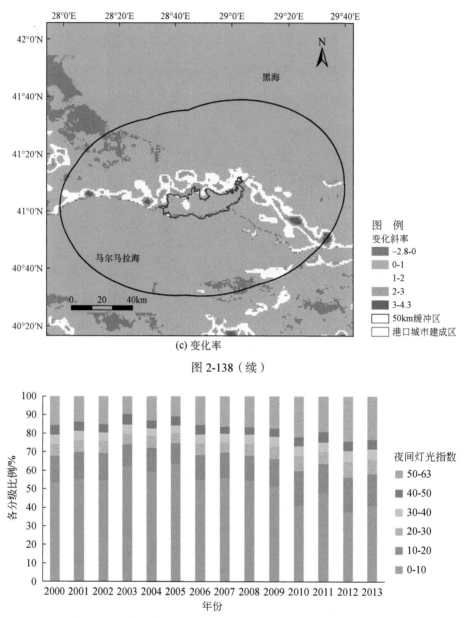

(c) 变化率

图 2-138（续）

图 2-139　伊斯坦布尔及周边地区年际夜间灯光指数分级统计

是 2000 ~ 2013 年港口陆域区域内各分级面积比例的年际变化情况，其中，代表城市发展水平最高的 50 ~ 63 阈值范围的面积比例从 2000 年的 22% 增加到 2013 年的 32%，城市发展水平较高的 40 ~ 50 阈值范围的面积比例 14 年基本保持不变，同时，代表城市发展程度最弱的 0 ~ 10 阈值范围的面积比例从 2000 年的 46% 降低到 2013 年的 31%，城市发展程度较弱的 10 ~ 20 阈值范围的面积比例从 2000 年的 15% 增加到 2013 年的

18%。建成区内部的灯光值已经饱和，而建成区周边区域的灯光指数平均值为 27.15，年平均增长率为 0.69，均相对较低。综上表明，伊斯坦布尔在过去 14 年有较为显著的建成区扩张过程，未来时期热点方向的城市扩展仍将较为显著。

（5）陆海地形

伊斯坦布尔及周边 50km 缓冲区范围内的陆海地形特征如图 2-140 所示。建成区的平均高程为 75.57m，建成区周边陆域的平均高程为 135.91m，地形高程起伏较为剧烈，对未来时期城市向陆的扩张具有一定的限制作用；周边海域的水深条件较好，有利于港口功能的提升和发展。

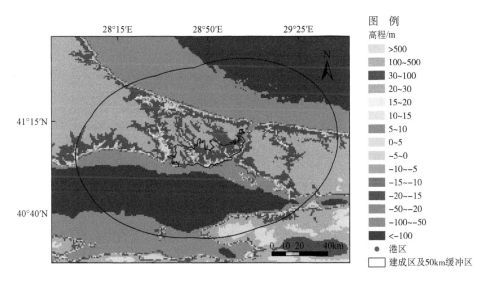

图 2-140　伊斯坦布尔及其周边地区陆海地形特征分布图

2.5.5　比雷埃夫斯港

（1）概况

比雷埃夫斯港位于比雷埃夫斯市，希腊东南沿海萨罗尼科斯湾东北岸，濒临爱琴海的西南侧（图 2-141），平均潮差很小，潮升小于 0.3m，是希腊最大的港口，也是全球 50 大集装箱港及地中海东部地区最大的集装箱港口之一，2013 年集装箱吞吐量为 316.40 万 TEU，入港航道水深 14 ～ 25m。是首都雅典的进出口门户，距雅典仅 8km。又是重要的交通枢纽，有电气化铁路和高速公路直通各大城市。主要工业有造船、化学、机械制造、冶金、纺织、炼油等。港口距雅典机场约 14km，有定期国际航班飞往各地。

（2）土地覆盖

比雷埃夫斯港及周边连续建成区 50km 缓冲区的土地覆盖遥感解译结果如图 2-142 所示。农田和灌丛是主要的土地覆盖类型，面积分别为 2555.69km² 和 2223.22km²，所占比

图 2-141 比雷埃夫斯港区高分 2 号（20150906）遥感影像图

例分别为 42.06% 和 36.59%；森林和不透水层的面积分别为 742.27km² 和 522.45km²，所占比例分别为 12.22% 和 8.60%。农田主要分布在港口城市建成区的西北和东南，灌丛在建成区外围大范围分布，森林主要分布在西部与北部，不透水层主要分布在连续建成区内部，外围也有零散分布，其他类型的土地覆盖分布面积相对较小。连续建成区的面积为 324.37km²，其中，不透水层和植被覆盖的面积分别为 264.20km² 和 59.70km²，分别占连续建成区的 81.45% 和 18.41%。

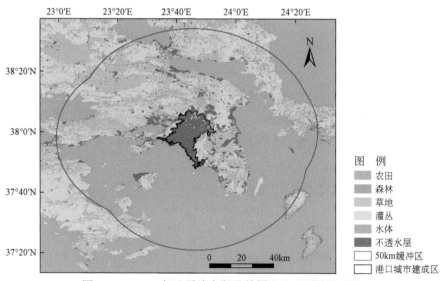

图 2-142 2015 年比雷埃夫斯及其周边土地覆盖类型图

（3）岸线

基于 2015 年的遥感影像进行分析，结果（图 2-143、图 2-144）表明，比雷埃夫斯港口城市建成区周围 50km 缓冲区内的海岸线总长度约为 597.80km，其中，自然岸线长度为 458.29km，人工岸线长度为 139.51km，分别占 76.66% 和 23.34%。自然岸线在港口港区之外的沿海地带大量分布；人工岸线包括港口码头、交通岸线和丁坝突堤，其中，港口码头岸线长度为 62.19km，占 10.40%，主要集中在比雷埃夫斯港，交通岸线长度为 55.84km，占 9.34%，主要集中在港区周围；其他类型的岸线长度较小。

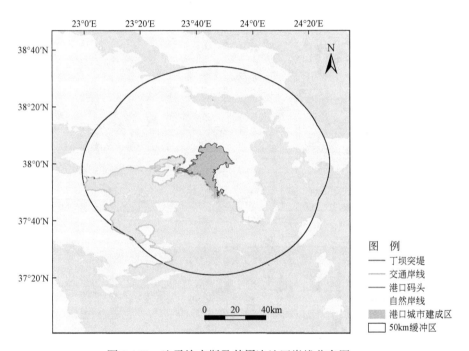

图 2-143　比雷埃夫斯及其周边地区岸线分布图

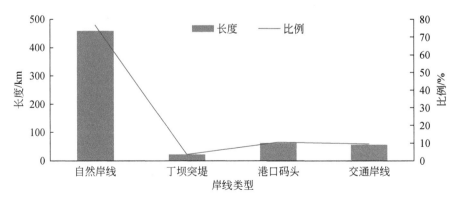

图 2-144　比雷埃夫斯海岸线类型统计

（4）夜间灯光

图 2-145 是 2000 年和 2013 年的夜间灯光分级分布图以及 2000 ～ 2013 年的变化斜

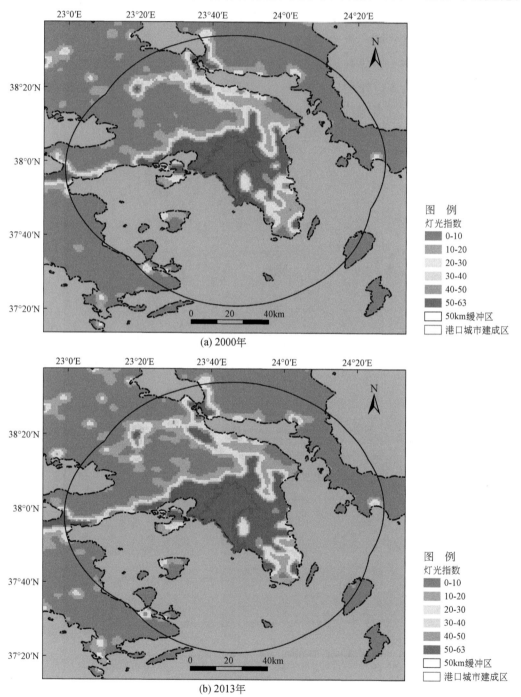

(a) 2000年

(b) 2013年

图 2-145　比雷埃夫斯及其周边地区夜间灯光指数分布及变化图

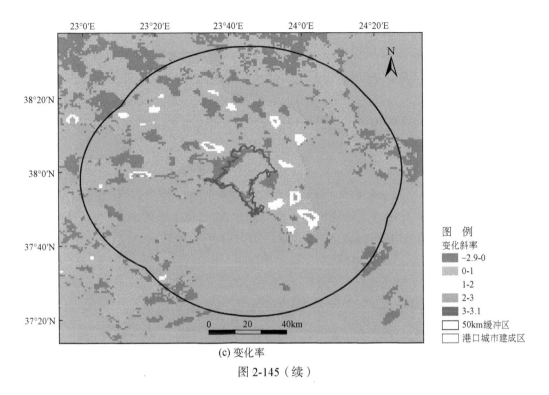

(c) 变化率

图 2-145（续）

率图，可以看出，高阈值范围的分布面积在港口城市建成区周围有较为微弱的扩张态势，但扩张强度并非特别显著。

图 2-146 是 2000 ～ 2013 年港口陆域区域内各分级面积比例的年际变化情况，代表城市发展水平最高的 50 ～ 63 阈值范围的面积比例从 2000 年的 10.76% 增加到 2013 年的 14.05%，城市发展水平较高的 40 ～ 50 阈值范围的面积比例在 14 年基本保持在 4% 左右，

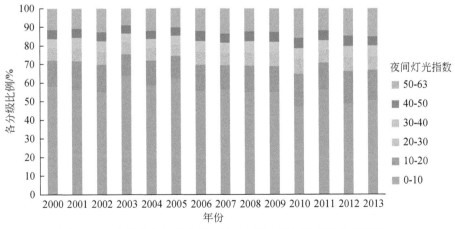

图 2-146　比雷埃夫斯及其周边地区年际夜间灯光指数分级统计

同时，代表城市发展程度最弱的 0 ～ 10 阈值范围的面积比例从 2000 年的 60.27% 降低到 2013 年的 53.40%，城市发展程度较弱的 10 ～ 20 阈值的面积比例从 2000 年的 13.79% 增加到 2013 年的 15.62%。建成区内部的灯光值已经基本饱和，建成区周边的灯光指数平均值和年平均增长率分别为 21.84 和 0.20，均相对较低。综上表明，比雷埃夫斯建成区范围在过去 14 年总体较为稳定，扩张规模有限，未来时期城市建成区的空间范围也不太可能出现较为显著的扩张。

（5）陆海地形

比雷埃夫斯及其周边 50km 缓冲区范围内的陆海地形特征如图 2-147 所示。建成区的平均高程为 138.40m，建成区周边陆域的平均高程为 268.57m，地形高程的起伏较为剧烈，对未来时期城市空间的扩张具有一定的限制作用；周边海域的水深条件较好，有利于港口功能的提升和港口的进一步发展。

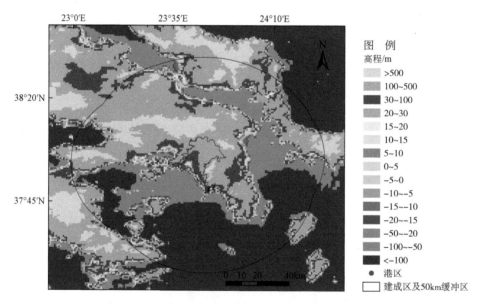

图 2-147　比雷埃夫斯及其周边地区陆海地形特征分布图

2.6　欧洲与俄罗斯

2.6.1　里斯本港

（1）概况

里斯本港位于里斯本市。里斯本是葡萄牙共和国的首都。是全国最大的城市、海港，是经济、文化、政治、教育中心。位于国土西南部大西洋沿岸，城北为辛特拉山，特茹河经城南入海。全城散布在 7 个小山丘上，因而有"七丘城"之称。城市面积 84.8km²，人口 56.5 万，人口密度为 6658 人 /km²。里斯本虽濒大西洋，但因其处于国土西南部，故属于地中海气候，同时，受加那利寒流影响，冬季温和多雨，夏凉干燥，1 月平均气温 10.8℃，8 月 22.5℃，年降水量 707mm。里斯本是全国的经济中心、综合性工业中心。主要工业有造船、水泥、钢铁、塑料、软木、纺织、造纸和食品加工等。里斯本的造船业世界闻名，有欧洲最大的干船坞，每年修船量占世界总修船量的 1/9。里斯本是全国的交通枢纽，全国 60% 的进出口货物在这里装卸。里斯本还是世界最大的软木输出港，葡萄牙年产软木 20 万吨左右，约占世界的一半。市郊聚集相当多的博物馆及纪念碑，大西洋沿岸有美丽的海滨浴场，是著名的旅游区。里斯本也是全国最大的铁路枢纽，市郊的波尔特拉国际机场是全国最大的航空枢纽。

　　里斯本港位于葡萄牙西海岸特茹河入海口处，濒临大西洋东侧，是葡萄牙最大的港口（图 2-148），也是世界上最大的软木输出港，2010 年集装箱吞吐量为 54 万 TEU。大汛潮高 3.8m，低潮 0.5m；小汛高潮 2.9m，低潮 1.4m。港区最大水深 17m。主要出口木材、大理石、松脂、水果、蔬菜、葡萄酒、轻沥青及沙丁鱼罐头等，进口货物主要有燃油、矿砂、机械、水泥、花生、压缩油、五金及化工品等。有铁路和内地相通，并与西班牙连接。港口距国际机场约 7km。

图 2-148　里斯本港区高分 2 号（20150124）遥感影像图

（2）土地覆盖

　　里斯本及其周边连续建成区 50km 缓冲区的土地覆盖遥感解译结果如图 2-149 所示。农田和灌丛是主要的土地覆盖类型，面积分别为 3715.65km² 和 1352.70km²，所占比例分别为 47.20% 和 17.19%；不透水层、森林和草地的面积比较相近，分别为 874.47km²、

1004.88km² 和 802.40km²，所占比例分别为 11.11%、12.77% 和 10.19%。农田主要分布在特茹河沿岸与伊比利亚半岛，灌丛主要分布在特茹河东岸，森林主要分布在伊比利亚半岛的东北部，不透水层主要分布在特茹河大西洋入海口两岸的连续建成区。其他类型的土地覆盖分布面积相对较小。连续建成区的面积为 428.88km²，其中，不透水层和植被覆盖的面积分别为 260.78km² 和 160.05km²，分别占连续建成区的 60.81% 和 37.32%。

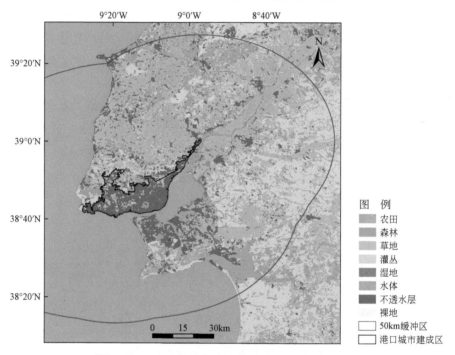

图 2-149　2015 年里斯本及其周边土地覆盖类型图

（3）岸线

基于 2015 年的 Landsat 8 遥感影像进行分析，结果（图 2-150、图 2-151）表明，里斯本港口城市建成区周围 50km 缓冲区内的海岸线总体比较曲折，总长度约为 569.11km。自然岸线长度约为 371.24km，占 65.23%，主要分布在特茹河入海口两岸半岛西侧的大西洋海岸；人工岸线包括丁坝突堤、港口码头、围垦中岸线、交通岸线，总长度为 197.87km，占 34.77%，其中，围垦中岸线的长度最大，为 150.37km，占 26.42%，主要分布在特茹河、萨杜河入海口区域，其次是港口码头岸线，长度为 25.82km，占 4.54%，主要分布在特茹河入海口的里斯本及阿尔马达地区，其他类型的人工岸线长度相对较小。

（4）夜间灯光

图 2-152 是 2000 年和 2013 年的夜间灯光分级分布图以及 2000～2013 年的变化斜率图，可以看出，高阈值范围的分布面积在港口城市建成区周边区域有明显的增长态势，

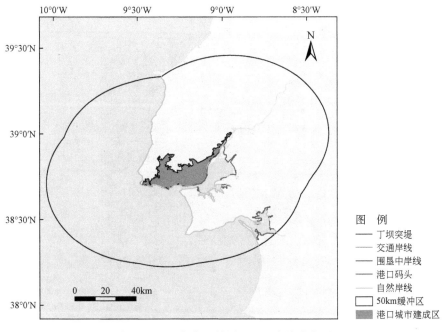

图 2-150 里斯本及其周边地区岸线分布图

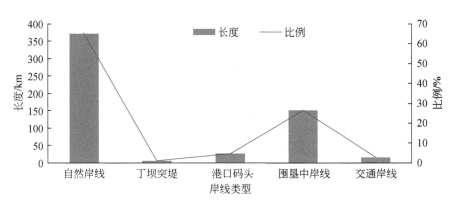

图 2-151 里斯本海岸线类型统计

尤其是特茹河北岸的半岛区域有大范围的增长。图 2-153 是 2000 ~ 2013 年港口陆域区域内各分级面积比例的年际变化情况，其中，代表城市发展水平最高的 50 ~ 63 阈值范围的面积比例从 2000 年的 15% 增加到 2013 年的 23%，城市发展水平较高的 40 ~ 50 阈值范围的面积比例从 2000 年的 5% 增加到 8%，同时，城市发展程度最弱的 0 ~ 10 阈值范围的面积比例从 2000 年的 38% 降低到 2013 年的 20%，城市发展程度较弱的 10 ~ 20 阈值范围的面积比例从 2000 年的 26% 降低到 2013 年的 23%。建成区内部的灯光值已经饱和，而建成区周边区域的灯光指数平均值为 28.22，年平均增长率为 0.66，均相对较低。综上表明，里斯本及其周边区域的建成区在过去 14 年具有显著的扩张态势，未来时期城市扩张在某些区域仍将较为显著。

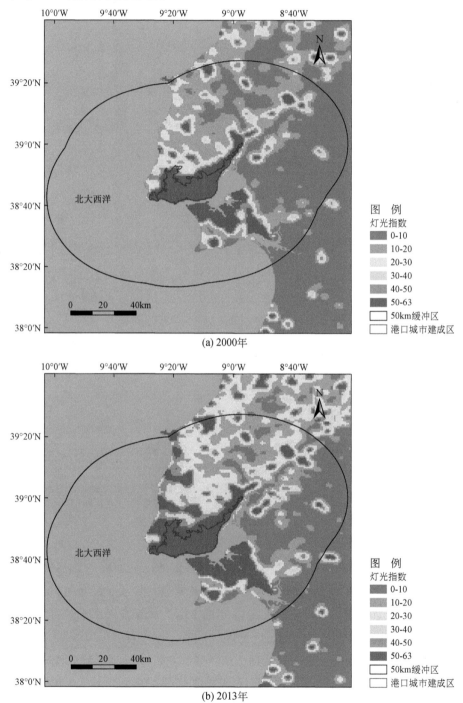

图 2-152 里斯本及其周边地区夜间灯光指数分布及变化图

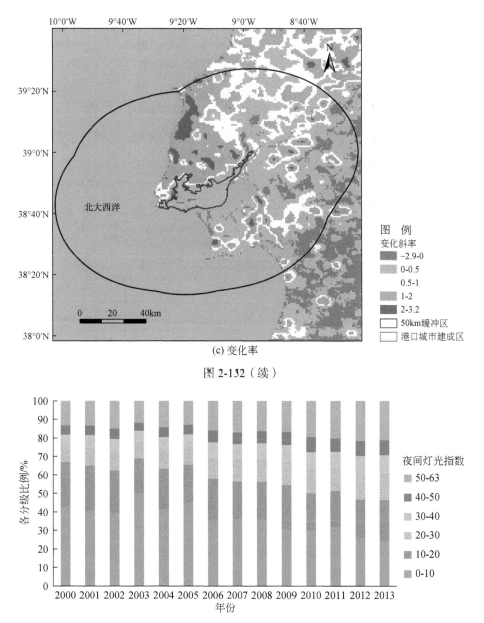

(c) 变化率

图 2-152（续）

图 2-153　里斯本及其周边地区年际夜间灯光指数分级统计

（5）陆海地形

里斯本及周边 50km 缓冲区范围内的陆海地形特征如图 2-154 所示。建成区的平均高程为 105.36m，建成区周边陆域的平均高程为 81.36m，地形相对比较平坦，地形并非未来时期城市扩张的限制因素；周边海域的水深条件较为优越，港区最大水深达 17m，有利于港口功能的发挥和港口的进一步发展。

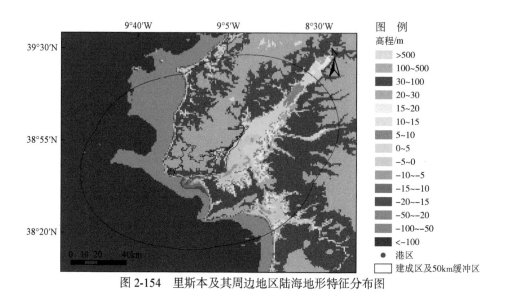

图 2-154　里斯本及其周边地区陆海地形特征分布图

2.6.2　圣彼得堡港

（1）概况

圣彼得堡港位于圣彼得堡市。圣彼得堡位于东欧平原的西北端、涅瓦河注入芬兰湾的出口处河口湾三角洲及其附近的岛屿上。涅瓦河分为数十条支流和多条人工河，港汊、河湾在城市内部组成了稠密的河网。是俄罗斯仅次于莫斯科的第二大城市，俄罗斯西北地区中心城市，是全俄重要的水陆交通枢纽、工业中心、科学与文化中心，同时也是世界闻名的历史文化名城。圣彼得堡处于涅瓦河沿岸的低地上，地势低平，海拔 1.5 ～ 3m，属于受海洋影响的温和大陆性气候，全年平均气温 5.3℃，夏季温和，冬季并不十分严寒，7 月平均气温 17.7℃，1 月平均气温为零下 7.9℃，结冰期从 11 月中旬至来年 4 月中下旬，每年冬初和来年春初需要借助破冰船才能通航。面积 1439km²，其中市区面积 606km²，人口 513.2 万，是世界上人口超过百万的城市中位置最北的。圣彼得堡市在俄罗斯经济中占有重要地位，是一座大型综合性工业城市，也是一座科学技术和工业高度发展的国际化城市。主要工业部门有电机、造船、汽车制造、化工、机械、纺织、食品等。是俄罗斯最大的交通枢纽之一，有 12 条铁路通往全国各地；还是重要的内河运输港，通过涅瓦河有运河和伏尔加河、拉多加湖和北德维纳河相连，实现欧俄部分的"五海通航"的内河运输网；也是俄罗斯最大的海港，通过芬兰湾进入波罗的海实现与西欧和世界各国联系，海运主要码头分布在库图耶夫岛、伏尔诺岛、格拉的得岛；也是重要的国际航空港，有 10 多条航线同国内 200 多个城市以及 20 多个国家通航。

圣彼得堡港位于涅瓦河口，通过芬兰湾、波罗的海和大西洋相通（图 2-155），是俄罗斯西部最大的商港，2013 年集装箱吞吐量为 251 万 TEU。涅瓦河口在秋冬季水位差较大，一般在 0.2 ～ 0.3m，有西南大风时可达 3.5m。港口全年通航，但 11 月末至次年 4 月中旬须用破冰船协助。港口无潮汐。最大水深 11.5m。港口主要进口货物为工业产品，出口货物有木材、谷物、牛油、原油及蛋品等。

图 2-155　圣彼得堡港区高分 2 号（20150318）遥感影像图

（2）土地覆盖

圣彼得堡及周边连续建成区 50km 缓冲区的土地覆盖遥感解译结果如图 2-156 所示。

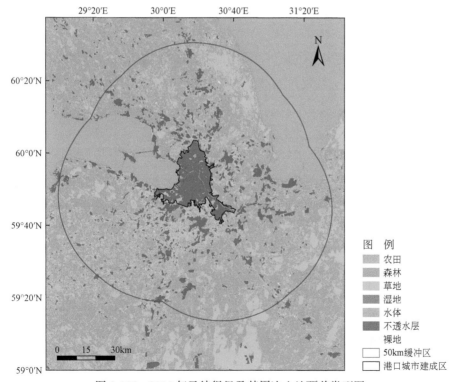

图 2-156　2015 年圣彼得堡及其周边土地覆盖类型图

森林是主要的土地覆盖类型，其次是草地和农田，面积分别为 7113.17km², 2637.73km² 和 1749.60km²，所占比例分别为 55.15%、20.45% 和 13.57%；不透水层的面积为 1196.82km²，占 9.28%。农田主要分布在圣彼得堡的西南部，森林广泛分布，草地总面积较大，但空间分布较为分散，不透水层主要集中在圣彼得堡及其周围，其余类型的土地覆盖分布面积相对较小。连续建成区的面积为 603.79km²，其中，不透水层和植被覆盖的面积分别为 404.86km² 和 165.96km²，分别占连续建成区的 67.05% 和 27.49%。

（3）岸线

基于 2015 年的 Landsat 8 遥感影像进行分析，结果表明，圣彼得堡及其周边的海岸线总长度约为 362.38km，岸线沿芬兰湾呈 U 形分布，河口位于 U 形底部，岸线越靠近河口则受人工干预的程度越大；自然岸线长度为 160.64km，人工岸线长度为 201.74km，分别占 44.33% 和 55.67%。从图 2-157 和图 2-158 中可以看出，人工岸线包括丁坝突堤、港口码头、围垦中岸线、交通岸线、防潮堤岸线，但以港口码头、交通岸线为主，长度分别为 74.55km 和 82.44km，所占比例分别为 20.57% 和 22.75%，港口码头主要分布在河口西岸和三角洲岛屿的港区，交通岸线主要分布在港区周围，而丁坝突堤、围垦、防潮等岸线的长度和比例相对较低。

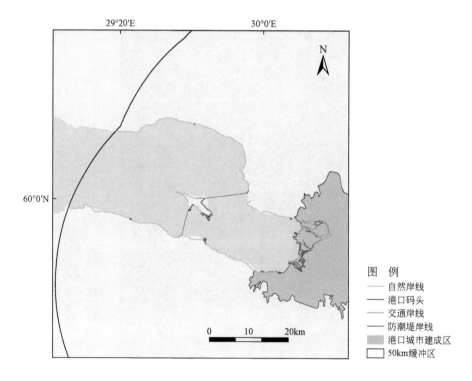

图 2-157　圣彼得堡及其周边地区岸线分布图

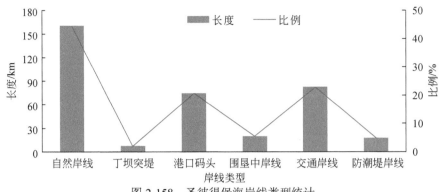

图 2-158　圣彼得堡海岸线类型统计

（4）夜间灯光

图 2-159 是 2000 年和 2013 年的夜间灯光分级分布图以及 2000 ～ 2013 年的变化斜率图，可以看出，高阈值范围的分布面积在港口城市建成区周边区域有非常明显的增长。图 2-160 是 2000 ～ 2013 年港口陆域区域内各分级面积比例的年际变化情况，其中，代表城市发展水平最高的 50 ～ 63 阈值范围的面积比例从 2000 年的 9% 增加到 2013 年的 16%，城市发展水平较高的 40 ～ 50 阈值范围的面积比例 2000 年的 5% 增加到 2013 年的 8%，同时，代表城市发展程度最弱的 0 ～ 10 阈值范围的面积比例从 2000 年的 46% 降低到 2013 年的 32%，城市发展程度较弱的 10 ～ 20 阈值范围的面积比例从 2000 年的 25% 降低到 2013 年的 23%。建成区内部的灯光值已经饱和，而建成区周边的灯光指数平均值

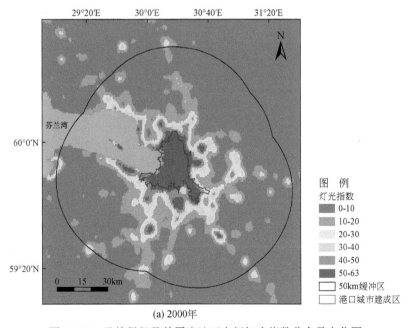

(a) 2000年

图 2-159　圣彼得堡及其周边地区夜间灯光指数分布及变化图

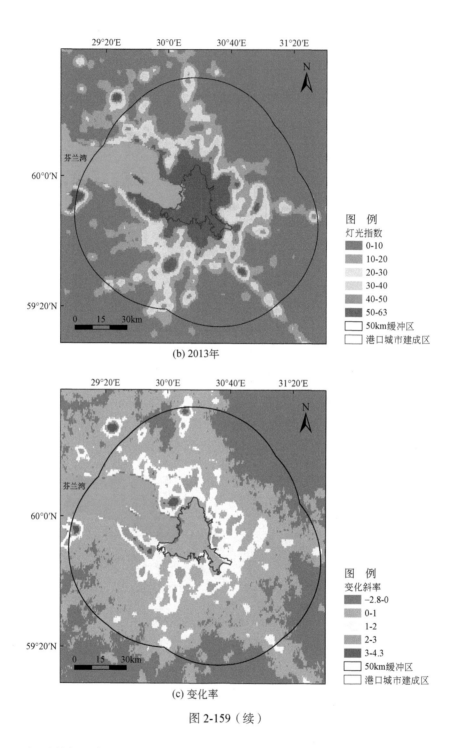

(b) 2013年

(c) 变化率

图 2-159（续）

为 28.22，相对较低，年平均增长率为 0.57。综上表明，圣彼得堡在 14 年有非常明显的建成区扩张，而且未来时期城市建成区仍将有较为显著的扩张态势。

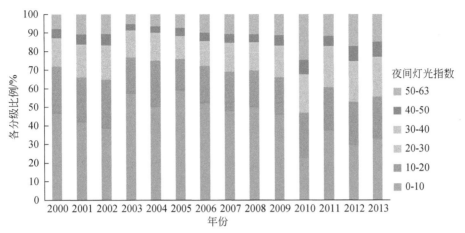

图 2-160　圣彼得堡及周边地区年际夜间灯光指数分级统计

（5）陆海地形

圣彼得堡及周边 50km 缓冲区范围内的陆海地形特征如图 2-161 所示。建成区的平均高程为 14.13m，建成区周边陆域的平均高程为 60.51m，建成区周边一定范围内的地形相对比较平坦，地形并非未来时期建成区扩张的重要制约因素；周边海域的水深条件总体较好，最大水深 11.5m，港口进一步发展的条件良好。

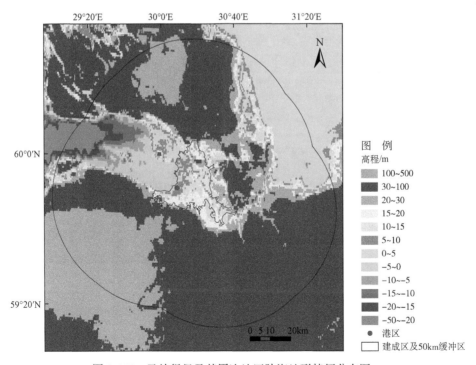

图 2-161　圣彼得堡及其周边地区陆海地形特征分布图

2.7 大 洋 洲

2.7.1 悉尼港

（1）概况

悉尼港位于悉尼市。悉尼是澳大利亚联邦新南威尔士州首府，全国建成最早和规模最大的国际化名城，全国最大的经济贸易中心和南太平洋最重要的交通枢纽。悉尼市郊总面积 4074km²，人口 420 万，约占全国人口的 25%，居全国六个州首府之冠。悉尼同世界上 100 多个国家和地区有贸易往来，已成为澳大利亚和南半球最大的金融中心，也是国际主要旅游胜地，以海滩、歌剧院和港湾大桥等闻名。悉尼是澳大利亚证券交易所、澳大利亚储备银行以及许多本国银行与澳大利亚集团的全国总部。

悉尼港位于南纬 33°50′，东经 151°17′，在塔斯曼海伸入大陆 25km 的杰克逊湾两岸（图 2-162），是天然的良港，又是澳大利亚最大的商港，2013 年集装箱吞吐量为 215 万 TEU，是澳大利亚第二大集装箱港、世界最大的羊毛销售中心。港内水域面积 55km²，水深 9m 以上，最深处达 46m。港内有泊位 60 多个，其中集装箱专用泊位 5 个、滚装船泊位 5 个。

图 2-162　悉尼港区高分 2 号（20151214）遥感影像图

（2）土地覆盖

2015 年悉尼及周边连续建成区 50km 缓冲区的土地覆盖遥感解译结果如图 2-163 所示。森林在所有的土地覆盖类型中占据绝对优势，面积为 8797.83km²，所占比例为 76.19%；草地和不透水层的面积分别为 1449.69km² 和 1001.04km²，所占比例分别为 12.56% 和 8.67%；农田的面积则相对较小。连续建成区的面积为 1204.60km²，其中，不透水层和植被覆盖的面积分别为 658.39km² 和 498.03km²，分别占连续建成区的 54.66% 和 41.34%。空间格局特征方面，森林广泛分布，不透水层主要集中在港口城市建成区及其外围，草地主要集中在西部建成区与森林的过渡地带；水体分布较为集中，主要包括霍克斯伯里河、帕拉马塔河、乔治斯河以及巴勒戈兰湖等，农田主要在城市外围零散分布。

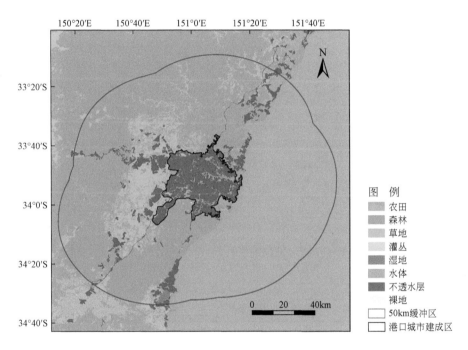

图 2-163　2015 年悉尼及其周边土地覆盖类型图

（3）岸线

悉尼及周边 50km 缓冲区内的岸线分布如图 2-164、图 2-165 所示。岸线总长度为 1464.98km，在河流两岸的岸线总体比较曲折。自然岸线的长度为 1309.30km，占 89.37%，主要分布在霍克斯伯里河、帕拉马塔河、乔治斯河等河流两岸，在沿海地带也大量分布。人工岸线的长度为 155.68km，占 10.63%，包括丁坝突堤、港口码头和交通岸线，其中，以港口码头和交通岸线为主，长度分别为 74.04km 和 65.41km，所占比例分别为 5.08% 和 4.46%。港口码头主要分布在帕拉马塔河下游入海口的悉尼港地区以及乔治斯河入海口的植物湾地区，少量零散地分布在霍克斯伯里河沿岸；交通岸线则主要分布在联通悉尼港口码头的周边地区；丁坝突堤岸线的长度和比例较小。

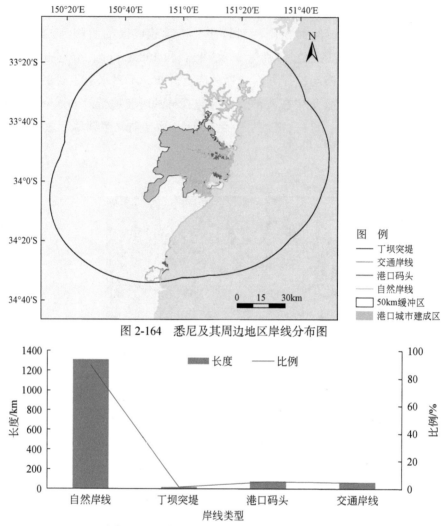

图 2-164　悉尼及其周边地区岸线分布图

图 2-165　悉尼及其周边地区海岸线类型统计

（4）夜间灯光

　　图 2-166 是 2000 年和 2013 年的夜间灯光分级分布图以及 2000～2013 年的变化斜率图，可以看出，各个阈值范围的空间分布比较稳定，变化不明显，表明悉尼城市建成区不存在显著的扩张趋势。图 2-167 表示的是 2000～2013 年港口陆域区域内各分级面积比例的年际变化情况，代表城市发展水平最高的 50～63 阈值范围的面积比例从 2000 年的 15.89% 增加到 2013 年的 20.35%，城市发展水平较高的 40～50 阈值范围的面积比例在 14 年基本保持在 4% 左右，同时，代表城市发展程度最弱的 0～10 阈值范围的面积比例从 2000 年的 59.21% 降低到 2013 年的 51.83%，城市发展程度较弱的 10～20 阈值范围的面积比例从 2000 年的 11.15% 增加到 2013 年的 12.70%。建成区的灯光值已经基本饱和，而建成区周

边的灯光指数平均值和年平均增长率分别为 17.60 和 0.14，均相对较低。综上表明，悉尼过去 14 年的建成区扩张态势不显著，未来时期的城市扩张也将比较缓慢。

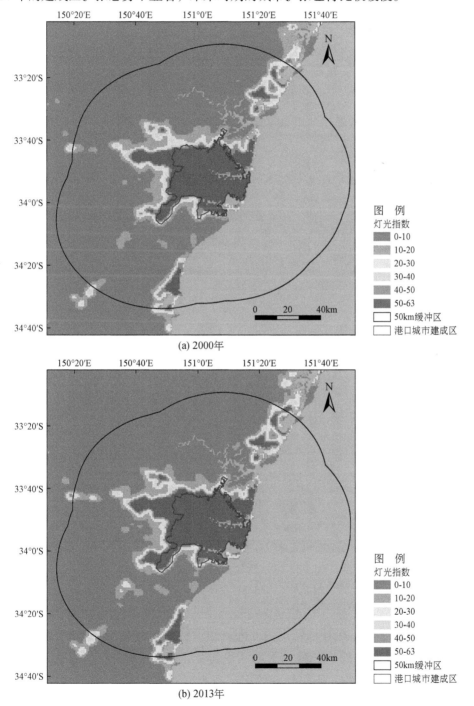

(a) 2000年

(b) 2013年

图 2-166　悉尼及其周边地区夜间灯光指数分布及变化图

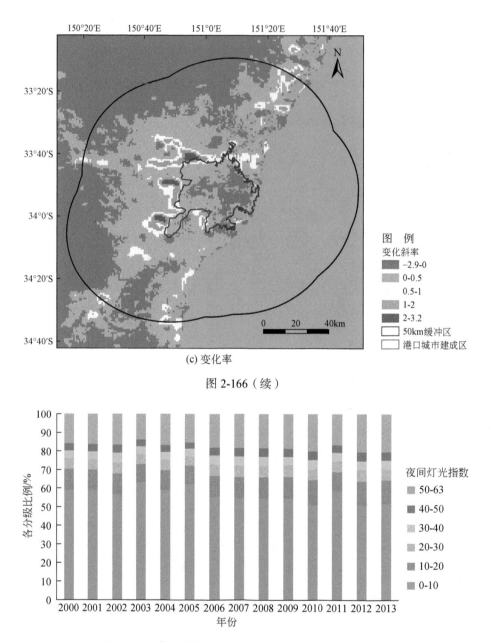

(c) 变化率

图 2-166（续）

图 2-167　悉尼及其周边地区年际夜间灯光指数分级统计

（5）陆海地形

悉尼及其周边 50km 缓冲区范围内的陆海地形特征如图 2-168 所示。建成区的平均高程为 54.20m，建成区周边陆域的平均高程为 252.94m，地形高程起伏剧烈，对城市建成区的扩展具有较大的限制和约束作用；周边海域的水深条件相对较好，有利于港口的发展。

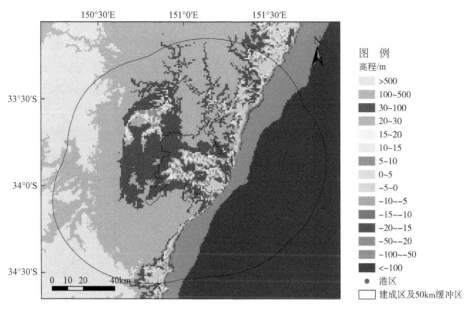

图 2-168　悉尼及其周边地区陆海地形特征分布图

2.7.2　达尔文港

（1）概况

达尔文港（图 2-169）位于澳大利亚北部的达尔文市。达尔文是澳大利亚北部地区的首府，位于澳大利亚北部帝汶海南岸、澳北区的最北部。地处东经 130° 52′、南纬 12° 25′，属于热带，终年炎热少雨。达尔文全市总人口较少，是澳大利亚土著族居民最集中的城市，

图 2-169　达尔文港区遥感影像图

还有很大一部分人口来自东南亚和东亚，是一座著名的旅游港城和区域性农矿产品集散地。达尔文港被称为是澳大利亚多元文化的首府，由于距离亚洲最近，是整个澳大利亚通往北部东南亚地区的重要门户，是重要的出口港口，主要出口活牲畜（牛、羊）和矿物。达尔文港也是澳大利亚重要的军事基地和北部海岸巡逻艇基地，有铁路南下通往大陆，并且建有航空站联系欧亚大陆，战略地位特别显著。

达尔文港距离巴布亚新几内亚、东帝汶和印度尼西亚三国首都的距离甚至比澳大利亚首都还要近。由于达尔文港距离亚洲最近，是澳大利亚重要的出口港口和最大的海军基地。2013 年集装箱吞吐量为 18.40 万 TEU，2014 ～ 2015 年货物运输量为 340 万吨，其中一半是与中国的货物贸易。

（2）土地覆盖

达尔文及周边 20km 缓冲区内的土地覆盖遥感解译结果如图 2-170 所示。主要土地覆盖类型是灌丛与森林，面积分别为 414.59km^2 和 224.24km^2，所占比例分别为 42.95% 和 23.24%；湿地和不透水层的面积分别为 157.39km^2 和 130.84 km^2，所占比例分别为 16.44% 和 11.27%。连续建成区的面积为 34.44km^2，其中，不透水层和植被覆盖的面积分别为 23.00km^2 和 6.59km^2，分别占连续建成区的 66.77% 和 19.15%。灌丛和森林大量分布于海湾周边的陆地区域，湿地主要是海陆交汇地带的滨海湿地，而不透水层主要集中在达尔文港及其东部和东南部，裸地在建成区以及周边都有零星分布，但总量不大。其他类型的土地覆盖分布面积相对较小。

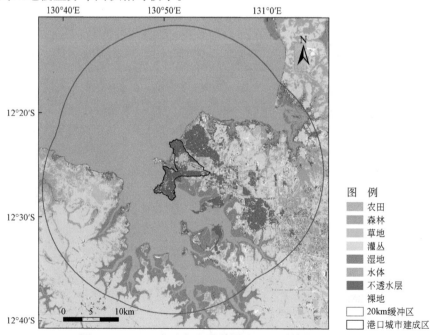

图 2-170　2015 年达尔文及其周边土地覆盖类型图

（3）岸线

达尔文及其周边 20km 缓冲区内的岸线分布如图 2-171、图 2-172 所示，岸线总长度为 382.34km，岸线总体比较曲折。自然岸线的长度为 273.41km，占 71.51%，人工岸线的长度为 108.93km，占 28.49%。人工岸线主要包括港口码头、丁坝突堤和交通岸线，其中，交通岸线长度为 94.14km，占 24.62%，主要分布在港区之间，港口码头和丁坝突堤的长度较小，分别为 8.12km 和 6.67km，所占比例分别为 2.12% 和 1.74%，港口码头主要分布在达尔文港，在南部沿海也有零星分布，丁坝突堤主要分布在达尔文港港区周围。

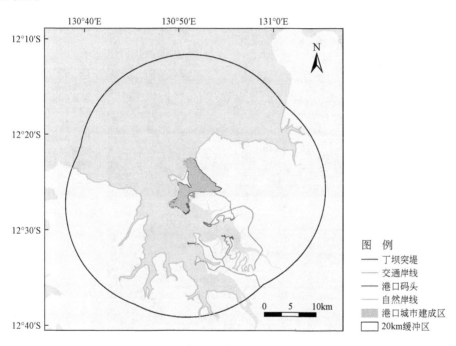

图 2-171　达尔文及其周边地区岸线分布图

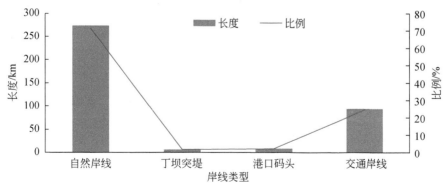

图 2-172　达尔文及其周边地区海岸线类型统计

（4）夜间灯光

图 2-173 是 2000 和 2013 年达尔文港口城市建成区及 20km 缓冲区内的夜间灯光分级

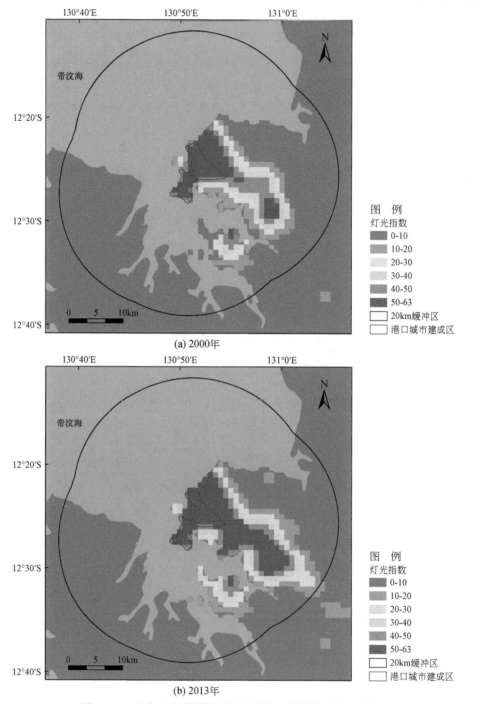

(a) 2000年

(b) 2013年

图 2-173 达尔文及其周边地区夜间灯光指数分布及变化图

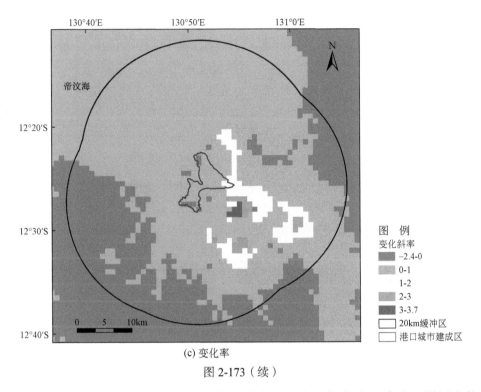

(c) 变化率

图 2-173（续）

分布图及变化图，可以看出，高阈值区域的分布面积在达尔文港口建成区周围有较为明显的增长，主要体现为等级的跃升并伴以空间分布范围的扩展。图 2-174 是 2000 ～ 2013 年港口陆域区域内各分级面积比例的年际变化情况，其中，代表城市发展水平最高的 50 ～ 63 阈值范围的面积比例从 2000 年的 11.92% 增加到 2013 年的 21.45%，城市发展水平较高的 40 ～ 50 阈值范围的面积比例从 2000 年的 8.54% 增加到 2013 年的 9.18%，同时，代表城市发展程度最弱的 0 ～ 10 阈值范围的面积比例从 2000 年的 48.24% 降低到 2013 年

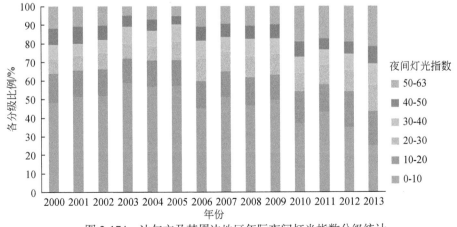

图 2-174　达尔文及其周边地区年际夜间灯光指数分级统计

的 25.26%，城市发展程度较弱的 10 ～ 20 阈值范围的面积比例从 2000 年的 15.72% 增加到 2013 年的 18.49%。建成区的灯光值逐渐趋于饱和，而建成区周边的灯光指数平均值和年平均增长率分别为 29.80 和 0.35，均相对较低。综上表明，达尔文在过去 14 年有较为明显的建成区扩展过程，未来时期城市建成区的扩张仍将以较快的速度在热点方向加以推进。

（5）陆海地形

达尔文港及其周边 50km 缓冲区范围内的陆海地形特征如图 2-175 所示。建成区的平均高程为 19.49m，建成区周边陆域的平均高程为 16.41m，地形比较平坦，未来时期城市扩张不会受到地形因素的显著制约；周边海域的平均水深约为 9m，港口周边海域的水深条件较佳，能够满足港口进一步发展所需。

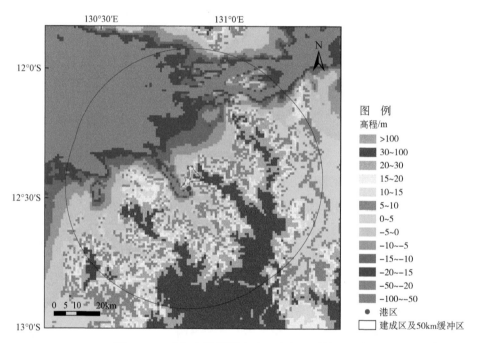

图 2-175　达尔文及其周边地区陆海地形特征分布

2.8　小　　结

基于遥感和 GIS 技术，获取港口港区高分辨率遥感影像（高分二号多光谱数据或 Google Earth 图像）和港口城市 Landsat 8 OLI 影像数据，进行港口城市土地覆盖分类和岸线提取与分类，同时，利用时间序列夜间灯光指数数据、陆海一体化的 DEM 数据，综合分析了东亚、东南亚、南亚、西亚、非洲与地中海、欧洲与俄罗斯、大洋洲共 7 个地理区域（或海区）的 25 个港口城市的生态环境现状特征，主要结论如下。

2.8.1　东亚

东亚分析了上海和釜山两个港口城市。

1）釜山的城市生态环境相对较好，其连续建成区内部的植被覆盖率比较高，而且周边主要以山地森林为主，而上海的城市生态环境则相对略差，连续建成区内部的植被覆盖率不高，且周边主要以农田为主；

2）两个城市建成区内部的灯光指数基本已经达到饱和状态，但是上海建成区周边的地形比较平坦，建成区周边灯光指数年增长率较高，城市扩张趋势较强，而釜山建成区周边的地形比较崎岖，建成区周边灯光指数年增长率较低,城市扩张趋势和速度相对较弱；

3）两个城市的岸线总长度优势都比较明显，港口码头岸线长度都超过了 80km，港口发展程度较高；釜山的岸线比较曲折，上海的岸线则相对平滑；

4）上海周边海域的水深条件相对较差，泥沙淤积等问题未来会给高级别港口的建设和现有港口的升级带来一定的发展阻力，而釜山周边海域的水深条件相对较好，也不用过多的考虑港口浅海域的泥沙淤积问题。

2.8.2　东南亚

东南亚分析了曼谷、关丹、新加坡、雅加达和皎漂 5 个港口城市。

1）5 个港口城市连续建成区内部的植被覆盖率均相对较低，多数城市其内部的生态环境状况较差；城市植被覆盖率最高的是新加坡，相对于其他 4 个港口城市而言，其城市内部的生态环境状况最好；城市植被覆盖率最低的是雅加达，城市内部的生态环境状况较差。

2）港口城市周边的土地覆盖类型主要是森林，其次是农田；周边土地覆盖类型以森林为主的有雅加达、关丹和皎漂，其中，雅加达和皎漂周边也有不少范围的农田分布，而曼谷是以农田为主，新加坡则是以不透水面为主。

3）港口城市建成区灯光指数基本已经达到饱和状态，只有处于初步发展阶段的皎漂的灯光指数较低；建成区周边灯光指数最高的是新加坡，周边地形比较平坦，但是目前新加坡的建成区周边灯光指数年增长率最低，未来的城镇扩张趋势已经放缓；建成区周边灯光指数较高的还有曼谷，而且，曼谷的建成区周边灯光指数年增长率最高，周边地形比较平坦，未来的城镇扩张趋势比较强劲；其他地区的建成区灯光指数值和灯光年增长率处于一般水平，并且由于周边地形起伏剧烈等原因，未来的城镇扩张潜力一般。

4）港口城市周边区域的海岸线总体较为平滑，港口码头岸线长度超过 80km 的有新加坡、雅加达和曼谷，表明这些城市的港口发展比较成熟。

5）港口城市周边的海域深度普遍较浅，而且，曼谷港属于河港类型，未来时期这些港口都有可能面临浅水域的泥沙淤积问题，在一定程度上会给港口功能的维护和提升以及港口的进一步发展带来一定的阻力。

2.8.3 南亚

南亚分析了瓜达尔、孟买、科伦坡、加尔各答、吉大港 5 个港口城市。

1）港口城市建成区内部的植被覆盖率总体处于较低的水平，城市内部生态环境状况相对较差，但是城市之间差异较大，科伦坡和孟买的城市植被覆盖率低于 10%，城市生态环境状况较差，而吉大港和加尔各答的城市植被覆盖率分别高达 28.45% 和 51.69%，城市生态环境状况较好。

2）港口城市周边的土地覆盖类型主要是农田，吉大港、加尔各答和孟买的周边均是以农田为主；周边土地覆盖以森林为主的港口城市有科伦坡，而瓜达尔的周边区域则是以裸地为主。

3）多数港口城市建成区内部的灯光指数已经趋于饱和状态，而处于初期发展阶段的瓜达尔，其建成区内部的灯光指数明显较低；建成区的周边区域灯光指数普遍较低，最高的是孟买，最低的是瓜达尔；建成区周边灯光指数的年增长率也普遍较低，预示着未来一定时期内这些港口城市建成区的扩张趋势将并不显著。

4）多数港口城市及其周边区域的岸线总长度处于中等水平，岸线总体较为平滑，而且，港口码头岸线的长度和比例普遍较小，表明其港口发展程度有待进一步提升。

5）港口城市周边海域深度普遍较浅，只有科伦坡周边海域的水深条件较好，而且，加尔各答和吉大港属于河港，港口周边水域深度较浅，深水航道的宽度有限，多数港口可能面临浅水域的泥沙淤积问题，在一定程度上会给港口功能的维护和提升以及港口的进一步发展带来一定的阻力。

2.8.4 西亚

西亚分析了吉达、多哈、阿巴斯港、迪拜 4 个港口城市。

1）港口城市建成区内部的植被覆盖率普遍较低，城市内部生态环境状况总体偏低；港口城市周边区域的土地覆盖类型多以裸地为主，建成区周边被大量的裸地覆盖。

2）港口城市建成区内部的灯光指数基本已经达到饱和状态，而建成区周边区域的灯光指数则处于较低的水平，但建成区周边灯光指数的年增长率普遍较高，并且建成区周边地形相对平坦，没有很大的高程起伏，因此，未来时期城镇继续快速扩张的阻力小、势头强。

3）港口城市周边区域的岸线总长度除了迪拜之外多数都较小，迪拜的岸线长度比较突出，并且相对比较曲折；港口城市周边区域港口码头岸线长度超过 80km、港口发展比较成熟的有迪拜和多哈两个港口城市。

4）港口城市周边海域海水的深度普遍较大，泥沙淤积问题并不显著，这在一定程度上有利于港口功能的维护和提升以及港口的进一步发展。

2.8.5　非洲与地中海

非洲与地中海地区分析了苏丹港、吉布提、亚历山大、伊斯坦布尔和比雷埃夫斯 5 个港口城市。

1）港口城市建成区内部的植被覆盖率处于较低至中等的水平，与此相应，城市内部的生态环境参差不齐，城市之间的差异较大；亚历山大的城市植被覆盖率达到 26.82%，城市生态环境状况相对较好，而苏丹港的城市植被覆盖率仅为 4.97%，城市生态环境状况相对较差。

2）港口城市建成区周边的土地覆盖类型差异比较明显，以农田为主的有亚历山大和比雷埃夫斯，而伊斯坦布尔的周边区域是以森林为主，苏丹港的周边区域是以裸地为主，吉布提的周边区域则是以草地为主。

3）港口城市建成区内部的灯光指数已经基本饱和，但苏丹港建成区内部的灯光指数相对较低；建成区周边区域的灯光指数处于中等水平，而其年增长率则表现出明显的城市间差异，苏丹港和比雷埃夫斯港建成区周边区域灯光指数的年增长率较低，表明未来时期的城镇扩张趋势也将会比较缓慢，亚历山大建成区周边区域灯光指数的年增长率较高，而且建成区周边地形比较平坦，未来时期城镇扩张的趋势将会比较显著。

4）港口城市周边区域的岸线总长度处于中等水平，岸线形状总体较为平滑，亚历山大、比雷埃夫斯和伊斯坦布尔等城市的港口码头岸线的长度都超过了 60km，港口发展比较成熟，而苏丹港和吉布提的港口码头岸线的长度则相对较小。

5）港口城市周边海域的水深条件普遍较好，但吉布提毗邻海域的水深条件相对较浅，不存在明显的泥沙淤积问题，在一定程度上有利于港口功能的维护和提升以及港口的进一步发展。

2.8.6　欧洲与俄罗斯

分析了里斯本和圣彼得堡两个港口城市。

1）港口城市建成区的植被覆盖率都比较高，城市生态环境状况良好；建成区周边区域的土地覆盖，里斯本主要是农田和森林，而圣彼得堡则主要是森林，同时，两个城市的建成区周边区域也都有大量的草地分布。

2）两个城市建成区内部的灯光指数已经基本饱和，而在建成区的周边区域，灯光指数值相对较低，其年增长率也处于较低的水平，这表明未来时期两个城市建成区的扩张态势将并不显著。

3）城市及其周边区域的岸线长度属于中等水平，岸线形状总体上较为平滑；里斯本港口码头岸线的长度略小于圣彼得堡，但里斯本周边海域的水深条件较好，优于圣彼得堡的周边海域，而且，圣彼得堡周边海域每年存在较长的冰封期，不利于港口功能的发挥和提升。

2.8.7 大洋洲

分析了悉尼和达尔文两个港口城市。

1）悉尼的城市生态环境相对较好，建成区内部的植被覆盖率比较高，而达尔文的城市生态环境相对略差，建成区内部的植被覆盖率略低（中等水平）；港口城市建成区周边区域的土地覆盖，两个城市都是以森林为主，其次则分别是草地和农田。

2）两个城市建成区内部的灯光指数已经基本达到饱和，而建成区周边区域的灯光指数值则普遍较低，而且年增长率也较低，因此，未来时期城市继续扩张的趋势并不显著。

3）两个城市及其周边区域的岸线总长度差异较大，悉尼及其周边的岸线总长度优势显著，而且岸线比较曲折，港口码头岸线长度超过了70km，港口发展程度较高，达尔文及其周边区域的岸线条件相对略差，岸线长度、形状的曲折程度、港口码头岸线长度等都略逊于悉尼；达尔文港周边海域的水深条件也略逊于悉尼港。

4）总的来说，澳大利亚的经济社会发展程度较高，属于发达国家，两个港口城市虽然规模差异较大，但都属于比较成熟的港口城市，尽管港口的区位条件、岸线资源等均总体较优，但未来时期港口城市进一步发展的趋势和速度并不显著。

第3章 重点港口城市综合特征与限制因子分析

针对 25 个重点港口，从港口区位特征、港口资源条件特征、港口货运现状特征、港口城市发展特征、港口所在宏观区域经济与社会特征 5 个方面出发，选择 14 个具体因子，综合应用遥感和 GIS 技术，基于多源遥感信息、多类型地图资料、世界城市方面的出版物（范毅和周敏，2013；周敏，2013；人民交通出版社股份有限公司，2014；苏世荣，2010），以及参考中国海事服务网（http：//www.cnss.com.cn）、中国国际海运网（http：//www.shippingchina.com）、航运在线（http：//port.sol.com.cn）、全球港口查询（http：//gangkou.51240.com）、《大英百科全书》网络版（http：//academic.eb.com/levels/collegiate）等网络资源，获取相关数据和信息，进而，通过单因子分级量化、综合指数计算，分析每个因子对港口的影响，以及各因子的综合影响和主要限制因子等。

3.1 港口单要素特征

港口单要素分级评价共考虑 5 个方面的 14 个具体因子，对每个因子进行信息采集和分级赋值，由低到高赋予 1 ~ 5 的分值，在此基础上开展港口单要素特征评价，如表 3-1 所示，评价方法及结果如下。

3.1.1 港口区位特征

港口深受地理环境的影响，处于不同地理环境的港口具有不同的陆向腹地和海向腹地，在全球海运体系中的地位也因而差异巨大。地理环境包括地理位置、自然地理环境和人文地理环境等方面特征；自然地理环境主要包括气候、水文、地质、地貌、灾害、自然资源等因素，人文地理环境主要包括经济地理、交通区位、社会与人文环境等。在此，考虑 3 个具体因素。

（1）港口地理区位

地理区位是指港口在全球陆海宏观格局中的地理位置特征，主要通过观察全球陆海分布图、港口与航线分布图,对港口的地理区位进行量化分级,由低到高赋予 1 ~ 5 的分值。评价结果表明，多数港口的地理区位都比较理想，分级指数均在 3 以上；在 25 个港口中，地理区位非常突出的港口有上海港、新加坡港、科伦坡港、吉布提港、亚历山大港、伊斯坦布尔港、圣彼得堡港等。

表3-1　港口特征单要素分级量化与综合指数计算结果

港口	港口区位特征			港口资源条件特征				港口货运现状特征	港口城市发展特征				港口所在宏观区域特征		港口综合指数
	港口地理区位	陆域交通网络	航空运输（机场）	港口岸线资源现状	港口岸线资源潜力	港口水深	港口结冰	港口货运现状特征	港口城市成熟度	港口城市食物供给	港口城市淡水供给	港口城市发展活力	人文与经济地理环境	区域环境质量约束	
上海	5	5	5	4	1	5	5	5	5	5	5	5	5	2	4.43
釜山	4	3	3	5	3	3	5	5	4	5	5	3	3	3	3.86
新加坡	5	4	5	3	2	4	5	5	5	5	5	5	5	2	4.29
雅加达	4	4	4	2	4	3	5	4	4	5	5	3	3	4	3.86
关丹	4	2	2	1	4	4	5	2	3	3	4	2	4	4	3.14
曼谷	3	4	4	2	2	1	5	3	4	4	5	4	5	4	3.57
皎漂	3	1	1	1	5	5	5	1	1	2	3	1	3	5	2.64
吉大港	3	2	2	1	4	2	5	3	2	2	3	2	3	5	2.79
加尔各答	3	2	2	1	2	4	5	2	2	2	5	1	3	5	3.00
科伦坡	5	3	3	2	4	2	5	3	3	3	4	2	4	4	3.29
孟买	4	3	3	2	4	4	5	3	4	4	5	2	3	4	3.57
瓜达尔	4	1	0	1	5	4	5	1	1	1	1	1	3	5	2.36
阿巴斯港	3	2	2	1	4	3	5	3	3	2	2	3	2	5	2.71
迪拜	3	3	5	4	4	4	5	4	3	2	1	3	3	5	3.50
多哈	3	3	4	2	3	2	5	2	3	2	1	3	2	5	2.86
吉布提	5	2	3	1	2	3	5	2	3	2	1	3	2	5	2.71
吉达	3	2	2	4	3	4	5	3	3	3	2	2	2	5	3.07
苏丹港	3	3	1	1	5	3	5	2	3	3	1	3	2	5	2.64
亚历山大	5	2	2	1	3	2	5	3	3	4	2	2	4	4	3.00
比雷埃夫斯	4	3	4	4	3	3	5	3	4	4	4	2	5	3	3.64
伊斯坦布尔	5	4	4	2	4	3	5	3	4	4	4	3	4	3	3.64
里斯本	4	4	4	2	3	5	5	2	4	4	5	2	4	2	3.57
圣彼得堡	5	4	4	2	3	3	1	3	4	4	5	3	5	2	3.43
达尔文	4	2	2	2	4	3	5	2	3	4	5	3	4	2	3.21
悉尼	4	4	5	2	4	5	5	3	4	5	5	4	4	2	4.00

（2）陆域交通网络

交通网络是指港口陆向腹地范围的公路和铁路交通网络条件，主要通过观察全球及区域公路和铁路分布图、谷歌地图等资料，分析港口陆向腹地的交通网络密度，由低到高赋予 1～5 的分值。评价结果表明，25 个港口之间的差异比较突出，其中，陆域交通网络最为优越的港口是上海港，其次分别是新加坡港、雅加达港、曼谷港、里斯本港、圣彼得堡港、悉尼港等，陆域交通网络较差的港口有胶漂港、瓜达尔港等。

（3）航空运输条件

主要综合港口城市及其周边区域的机场数量、机场面积和直线距离等因素进行综合赋分，由低到高赋予 0～5 的分值。评价结果表明，25 个港口之间的差异比较突出，其中，航空运输条件非常优越的港口主要有上海港、新加坡港、迪拜港、悉尼港等，而较差的港口则有瓜达尔港（周边无机场）、胶漂港、苏丹港等。

3.1.2　港口资源条件特征

港口本身的资源条件主要包括其所具有的水域与陆域面积、岸线长度、泊位数量与水深、航道宽度与水深等，往往是港口大小、功能和货物集散与转运能力等的决定性因素。在此，考虑 4 个具体因素。

（1）港口岸线资源现状

汇总港口城市建成区 50km/20km/10km 缓冲区范围内丁坝突堤岸线、港口码头岸线、交通岸线的长度或比例，根据 25 个港口城市的值域和数值大小，划分等级，分别赋予 1～5 的分值。评价结果表明，多数港口分级较低，尤其是新建的港口和大型城市，其中新建港口主要是由于港口处于建设和发展的早期阶段，而个别大型城市则是由于城市与港口对岸线资源的竞争关系所导致。具体而言，条件较为优越的港口包括釜山港、上海港、迪拜港、吉达港、比雷埃夫斯港等；而条件较差的港口则有瓜达尔港、吉布提港、关丹港、胶漂港等。

（2）港口岸线资源潜力

对于新兴的、欠发达、不成熟的港口，由于其仍处于早期的建设阶段或发展过程中，适宜建设港口的自然岸线资源是否丰富或充足是影响（支撑或制约）其未来发展潜力的重要因素，分析港口城市现有港区周边区域内自然岸线的分布特征（长度或百分比），参考其陆海高程变化特征，进行量化分级，分别赋予 1～5 的分值。评价结果表明，总体上，发展较为成熟的港口城市，其保有的适合于建设港口的自然岸线已经非常稀少，资源潜力分值很低，而处于建设和发展早期阶段的港口，尤其是城市形态或发展水平较低的港口，其资源潜力较为丰富，分值较高。具体而言，条件较为优越的港口包括胶漂港、瓜达尔港、苏丹港等，而条件较差的港口则有上海港、新加坡港、曼谷港、吉布提港等。

（3）港口水深

水深是影响甚至决定港口功能及其发展潜力的极为重要的自然条件之一。综合分析港口周边区域的陆海地形（DEM）、港口的最大水深信息，分析和比较港口毗邻水域通航大型船舶的能力，由低到高赋予1～5不同分值，即为港口水深指数。评价结果表明，25个港口的差异较为显著，其中，里斯本港、上海港、皎漂港、悉尼港等港口的水深条件最为优越，而曼谷港、多哈港、科伦坡港等港口的水深条件则相对较差。

（4）港口结冰期

体现气候特征对港口的影响作用。分析港口水域及其周边海域是否存在结冰期及其持续时间等特征，进行量化分级，赋予1和5的分值，分别对应存在结冰期和不存在结冰期。25个港口中，圣彼得堡港存在结冰期，且持续时间较为漫长，期间需要破冰船引航，分值为1，其他港口则不存在结冰现象，分值为5。

3.1.3 港口货运现状特征

货物集散与转运能力在反映港口大小与发展现状方面最具代表性，集装箱化是国际海运历史上一场非常重要的技术革新，大大促进了全球港口发展的专业化程度，因此，货物集装箱吞吐量作为反映港口性能的综合指标一直被学者广泛使用。根据港口集装箱吞吐量，由低到高赋予1～5的分值，用于指示港口的货运现状特征。评价结果表明，从集装箱吞吐量角度予以衡量，25个港口之间的差异非常显著，其中，发展现状非常突出的港口有上海港、釜山港、新加坡港、雅加达港、迪拜港等，而总体上较弱的港口则包括皎漂港、瓜达尔港、关丹港、加尔各答港等。

3.1.4 港口城市发展特征

港口与其所在城市之间存在着极为密切且复杂的相互作用关系，从区域乃至全球视角而言，港口所在城市的发展特征和发展水平是影响甚至决定港口区位优势及其作用或潜力能否正常及持续发挥的重要因素。在此，考虑4个具体因素。

（1）港口城市成熟度

基于谷歌地图、《世界港口交通地图集》、多源遥感影像等资料和信息，根据港口城市发展的历史与现状特征，对港口城市的成熟度进行分级赋值，由低到高赋予1～5的分值。评价结果表明，25个港口之间的差异比较突出，其中，成熟度非常高的港口城市有上海、新加坡等，而成熟度很低（港口城市处于非常初始的形态）的港口城市则有皎漂、瓜达尔、吉大港等。

（2）港口城市食物供给

成熟的港口，如，上海港、新加坡港等，其所处陆向腹地的经济社会发展水平较高，基础设施完善，商品经济发达，基本上不存在食物供给方面的制约。但是，新兴的港口、腹地狭小的港口、自然环境条件较为恶劣区域（如沙漠边缘）或经济社会发展水平欠发达区域的港口，港口城市自身的食物供给能力仍较薄弱，在发生重大自然灾害、政治冲突、政局动荡、军事冲突等意外情形时，可能会发生船队受困并面临食物补给方面的困难，因此，有必要予以评估，具体考虑农田等生态用地的分布面积或比例，并考虑区域水土资源的配置特征等，由低到高赋予 1 ～ 5 的分值。评价结果表明，多数港口不存在食物供给方面的障碍，但是少数新建的港口以及处于沙漠边缘的港口，如，瓜达尔港、吉大港、阿巴斯港、吉达港、吉布提港等，由于基础设施建设尚不完善，或者周边区域农田和生态资源较为匮乏等原因，港口城市自身的食物供给能力方面存在不足，是不容忽视的问题。

（3）港口城市淡水供给

与食物供给非常类似，主要是新兴的、欠发达、不成熟的港口城市，在出现意外情形时，可能会发生船队受困并面临严峻的淡水补给方面的困难，因而需要进行评估，具体考虑陆地上水域的分布面积或比例、是否有河流经过、区域气候特征等，由低到高赋予 1 ～ 5 的分值。评价结果表明，与食物供给相类似，主要是在少数新建的港口以及处于沙漠边缘且没有河流经过的港口，淡水供应能力是不容忽视的问题，如，瓜达尔港、阿巴斯港、吉达港、吉布提港等。

（4）港口城市发展活力

夜间灯光数据与城市人口数量和经济发展状况等密切相关，基于 2000 ～ 2013 年建成区 50km/20km/10km 半径缓冲区范围内的夜间灯光数据，统计历年灯光值大于 50（或最高灯光值区间）的分布面积，采用 14 年份数值线性回归方程的斜率表示 25 个港口城市的发展活力，即为城市发展指数；部分较为发达的港口城市，如，新加坡、上海等，其灯光数据已经长期饱和，进行单独赋值。评价结果表明，处于中等发展水平和中间发展阶段的港口城市，其发展活力和发展速度较为显著，分值较高；处于初级发展阶段的港口城市，其发展潜力尚未得以充分体现，发展速度和发展活力因而不显著；而在已经非常成熟的港口城市，如新加坡、上海等，一方面，其自身的发展普遍进入优化、调整和提升的阶段，另一方面，灯光数据饱和溢出的现象更加突出，所以发展速度较为平稳。

3.1.5　港口所在宏观区域经济与社会特征

主要是在更大的空间视角（超出港口城市空间范围）审视港口发展的影响因素，反映宏观地理区域的民族、宗教、政治、军事、历史、文化、习俗和法律等因素对港口功能发挥、港口发展等的影响。在此，考虑两个具体因素。

（1）人文与经济地理环境

港口所在区域乃至国家的人文与经济地理环境对港口的陆域腹地特征、货物供需、运输需求、运输能力、港口建设和管理能力、港口发展战略等具有至关重要的影响，由低到高赋予 1 ～ 5 的分值。评价结果表明，25 个港口之间的差异比较显著，中东区域的港口分级相对较低，欧洲、东亚和澳大利亚的港口分级总体较高，东南亚、南亚的港口则大休居中。

（2）环境质量约束特征

主要考虑港口所在国家或地区当前所处的经济社会发展阶段，针对港口建设和运营等过程所导致的空气、水、土壤、噪声等方面的污染问题，是否存在较为严格的法律或制度约束，通过量化分级，赋予 1 ～ 5 不同分值，约束性较强的港口赋值低，反之则高。评价结果表明，在经济比较发达、文明程度较高的国家和地区，政府部门的政策、法规对港口及其周边区域的大气、水、固废、噪声等环境进行了较为严格的约束，同时民众对环境保护的诉求也较为强烈。欠发达区域的港口城市这种约束性则相对较为微弱。

3.2 港口综合特征

3.2.1 综合指数计算

基于上述的港口区位特征、港口城市发展特征、港口资源特征、港口发展现状、港口所在地理区域特征 5 个方面 14 个因素的量化分级数据，采用等权计算得到算术平均值，作为港口潜力综合指数。计算模型如下：

$$P = (p_1 + \cdots p_i + \cdots + p_n)/n$$

式中，P 为港口潜力综合指数；p_i 为单要素指标量化分级数值；n 为单要素指标的数量。

3.2.2 综合特征分析

港口综合指数的计算结果如表 3-1、图 3-1 所示。25 个港口之间的综合指数差异较大，分值为 2.36 ～ 4.43，平均值为 3.31；总体上，红海与波斯湾以及南亚区域港口的综合指数较低，而东亚、东南亚、欧洲、大洋洲区域的港口则总体较高。大体可以区分出 4 个等级区间：

1）高等级港口 有 5 个港口。上海港的分值最高、综合条件最好，其次是新加坡港、悉尼港、雅加达港和釜山港，综合指数分别为 4.29、4.00、3.86 和 3.86。

2）较高等级港口 有 6 个港口，包括曼谷港、孟买港、迪拜港、比雷埃夫斯港、伊斯坦布尔港、里斯本港，综合分值也都大于 3.50。

3）中等水平港口 有 7 个港口，包括关丹港、加尔各答港、科伦坡港、吉达港、亚历山大港、圣彼得堡港、达尔文港，综合分值为 3 ～ 3.50。

4）现状较差港口 有 7 个港口，包括瓜达尔港、皎漂港、吉大港港口、阿巴斯港港口、多哈港、吉布提港、苏丹港港口，综合分值均低于 3。

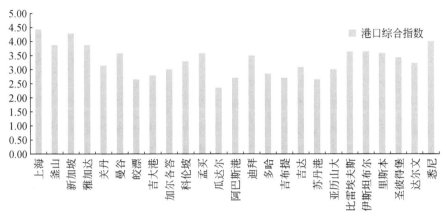

图 3-1　港口潜力综合指数

3.3　港口限制因子

综合单要素分级评价和综合指数计算结果,分析港口功能发挥和提升的限制性因素,归纳港口的限制型,如下面七种类型。

1)陆向腹地陆空交通条件限制型港口　特征是基础设施不完善,尚不具备较为发达的陆地交通网络系统以及航空运输条件,主要有瓜达尔港、皎漂港、苏丹港等。加快基础设施建设步伐将能显著提升这些港口的功能和综合潜力,如瓜达尔港距离全球石油供应的主要通道—霍尔木兹海峡大约 400km,地理区位极为突出,但是瓜达尔位于巴基斯坦西部地区,目前几乎没有任何建成的铁路线路,周边也没有机场,公路交通条件也极为落后,因此,规划和建设中的"瓜达尔—喀什"铁路的尽快建成必将极大地改善瓜达尔港的综合功能。

2)食物供给能力限制型港口　特征是港口发展历史很短,处于建设和发展的初始阶段,周边尚不存在较为成形或较为发达的城市(有港无城),或者,港口位于沙漠边缘,周边区域农田等生态资源有限,土地生产力较低,食物供给对外依存度较高,港口城市因此而受到自身食物供给能力的限制,此类港口主要有瓜达尔港、阿巴斯港、多哈港、吉布提港等(当发生某些类型的重大意外事件并因而导致船队受困时,问题很可能会凸显出来)。

3)淡水供给能力限制型港口　特征是受地理环境、气候特征等因素的影响,淡水水体分布面积有限,且缺少河流淡水补给,港口城市的淡水资源总体上比较匮乏,主要是分布在沙漠边缘的港口,这些港口所在城市的饮用水、生活用水严重依赖于海水淡化等技术措施的应用或从外部调水,此类港口主要有阿巴斯港、迪拜港、瓜达尔港、多哈港、吉达港、苏丹港、吉布提港等(当发生某些类型的重大意外事件并因而导致船队受困时,问题很可能会凸显出来）。

4）城市发展潜力限制型港口　特征是最近 10 余年来城市发展活力不足，发展速度比较迟缓，有阿巴斯港、瓜达尔港、加尔各答港、吉大港、皎漂港等。改善基础设施条件，发展临港产业等有望促进这些港口城市的尽快发展。

5）岸线资源限制型港口　特征是港口处于建设和发展的阶段，港口基础设施尚不完善，现有的港口岸线资源长度有限，港口功能有待通过加强基础设施建设得以提升；或者港口城市功能已经非常综合和发达，港口与城市之间在土地、岸线和海域资源方面存在较为严重的竞争和冲突，港口港区继续扩展的空间已经非常有限。前一类型主要是红海与波斯湾区域以及南亚区域的港口，改善的途径和措施在于发展基础设施和临港产业等；后一类型主要是城市非常发达的上海港、新加坡港等，改善的途径和措施主要在于岸线资源的优化和现代化的管理。

6）水深限制型港口　特征是最大水深对大型船舶出入具有一定的限制，主要体现在曼谷港。

7）结冰限制型港口　特征是存在结冰期，主要是圣彼得堡港。

参 考 文 献

陈航，栾维新 . 2010. 港口和城市互动的理论与实证研究 . 北京：经济科学出版社 .

陈军，陈晋，廖安平，等 . 2014. 全球 30m 地表覆盖遥感制图的总体技术 . 测绘学报，43（6）：551-557.

陈军，陈利军，李然，等 . 2015. 基于 GlobeLand30 的全球城乡建设用地空间分布与变化统计分析 . 测绘
　　学报，44（11）：1181-1188.

陈月英，王永兴 . 2011. 世界海运经济地理 . 北京：科学出版社 .

范毅，周敏 . 2013. 世界地图册：汉英对照 . 北京：中国地图出版社 .

郭建科，韩增林 . 2010. 港口与城市空间联系研究回顾与展望 . 地理科学进展，29（12）：1490-1498.

侯西勇，毋亭，侯婉，等 . 2016. 20 世纪 40 年代初以来中国大陆海岸线变化特征 . 中国科学 - 地球科学，
　　46（8）：1065-1075.

侯西勇，毋亭，王远东，等 . 2014. 20 世纪 40 年代以来多时相中国大陆岸线提取方法及精度评估 . 海洋
　　科学，38（11）：66-73.

李加洪，施建成等，2016. 全球生态环境遥感监测 2015 年度报告 . 北京：科学出版社 .

李旭文，牛志春，姜晟，等 . 2013. Landsat 8 卫星 OLI 遥感影像在生态环境监测中的应用研究 . 环境监
　　控与预警，5（6）：1-5.

陆琪 . 世界海运地理 . 2011. 上海：上海交通大学出版社 .

潘坤友，曹有挥 . 2014. 近百年来西方港口地理学研究回顾与展望 . 人文地理，2014（6）：32-37.

潘腾 . 2015. 高分二号卫星的技术特点 . 中国航天，01：3-9.

人民交通出版社股份有限公司 . 2016. 交通版世界地图册 . 北京：人民交通出版社股份有限公司 .

苏世荣 . 2010. 世界城市大观 . 广州：广东教育出版社 .

汪玲，王诺，佟士祺 . 2008. 港口与城市环境及资源的协调发展度研究 . 中国航海，31（4）：410-414.

王成金 . 2008. 现代港口地理学的研究进展与展望 . 地球科学进展，2008，23（3）：243-250.

王鹤饶，郑新奇，袁涛 . 2012. DMSP/OLS 数据应用研究综述 . 地理科学进展，31（1）：11-18.

周敏 . 2013. 世界港口交通地图集 . 北京：中国地图出版社 .